"十三五"国家重点研发计划项目基金资助

通风管道净化

Cleaning of Ventilation Ducts

杜　峰　主编

科学出版社

北　京

内 容 简 介

本书系统介绍通风管道的污染及净化现状,并对通风管道净化涉及的相关标准与法规进行归纳总结,同时对通风管道净化技术及通风管道清洗机器人技术进行详细论述,此外还举例阐述通风管道净化方案的设计、实施及通风管道维护等方面的知识。本书融入了作者在空气净化领域的知识积累和经验总结,内容丰富,有助于读者全面了解通风管道净化的重要性,以及通风管道净化的技术方法。

本书不仅适合通风管道净化技术人员、通风管道设备维护和管理人员学习与参考,也可作为科普读物供社会大众参阅。

图书在版编目(CIP)数据

通风管道净化 / 杜峰主编. —北京:科学出版社,2021.11
ISBN 978-7-03-070520-4

Ⅰ. ①通⋯ Ⅱ. ①杜⋯ Ⅲ. ①通风管道－空气净化 Ⅳ. ①TU834.8

中国版本图书馆 CIP 数据核字(2021)第 227626 号

责任编辑:惠 雪 石宏杰 曾佳佳 / 责任校对:杨聪敏
责任印制:张 伟 / 封面设计:许 瑞

科 学 出 版 社 出版
北京东黄城根北街 16 号
邮政编码:100717
http://www.sciencep.com

北京厚诚则铭印刷科技有限公司 印刷
科学出版社发行 各地新华书店经销

*

2021 年 11 月第 一 版 开本:720×1000 1/16
2021 年 11 月第一次印刷 印张:10 1/4
字数:205 000

定价:99.00 元
(如有印装质量问题,我社负责调换)

前　言

　　空气质量安全事关满足人民日益增长的美好生活需要，事关全面建成小康社会，事关经济高质量发展和美丽中国建设。2015年全国人民代表大会常务委员会审议通过《中华人民共和国大气污染防治法》修订草案，要求防治大气污染，应当以改善大气环境质量为目标；2018年国务院制定并发布了《打赢蓝天保卫战三年行动计划》，计划要求经过3年努力，大幅度减少主要大气污染物排放总量，进一步明显降低细颗粒物（PM$_{2.5}$）浓度，明显改善环境空气质量。

　　通风系统的作用在于改善室内空气质量，调节室内空气的温度和湿度，减少有害气体浓度和含尘量，以营造和维持能够满足人们生产生活要求的环境条件。为保护人体健康，防止有毒有害气体及粉尘的危害，我国相继制定了《室内空气质量标准》（GB 18883—2002）、《工业企业设计卫生标准》（GBZ 1—2010）和《工作场所有害因素职业接触限值　第1部分：化学有害因素》（GBZ 2.1—2019）等标准。然而实际使用时通风系统往往存在管道内壁有害微生物滋生、颗粒物及有毒有害气体等污染物加剧室内空气污染程度、管道积尘严重影响出风效果和增加能耗等问题。因此，为了严格通风管道卫生执行标准和规范，中华人民共和国国家质量监督检验检疫总局发布了《空调通风系统清洗规范》（GB 19210—2003），中华人民共和国国家卫生健康委员会（原卫生部）发布了《公共场所集中空调通风系统卫生规范》（WS 394—2012）、《公共场所集中空调通风系统清洗消毒规范》（WS/T 396—2012）和《公共场所卫生管理条例实施细则》等。

　　本书总结归纳了通风管道污染和净化现状，以及通风管道相关卫生标准和法规，并结合通风管道净化设备对通风管道净化技术做了详细阐述，此外还通过实际案例具体介绍了多种净化技术在通风管道净化中的应用。

　　本书的出版得到"十三五"国家重点研发计划项目"室内空气净化材料成型技术研发及产业化"（2017YFC0211803）基金资助。本书由杜峰负责书稿架构、统稿编辑。第1、3、4章和后记由杜峰编写，第2章由曹祥、甘德宇编写。此外，王涛、林弘一、毛淑滑等参与文献收集、书稿润色等工作，在此一并表示感谢。

　　由于通风管道净化涉及面广，加之编者水平有限，书中疏漏或不妥之处在所难免，敬请广大读者批评指正。

杜　峰

2020年11月于南京

目　　录

第1章　绪　　论

由于现代社会人们在室内环境中停留的时间日益增长，室内的空气质量对于人们身心健康、工作学习效率等有着至关重要的影响。有关研究和监测数据发现，我国城市室内环境由于受到各种化学和生物因子的污染，很多时候室内空气质量较室外更差。为保障健康的生活和工作环境，合理利用资源和节约能源，贯彻执行国家技术经济政策，应严格控制室内污染物的释放，对室内外空气进行净化处理，加强建筑物室内外空气的置换与对流。作为空气输送和分布的媒介，通风管道可以有效地营造一个相对卫生、安全、舒适的室内环境。在工业与民用建筑的通风和空调工程领域，如中央空调系统、新风系统和空气净化系统，这类用金属、非金属或复合材料制成的通风管道保证了在有效的气流组织下，可以最大限度地调节并改善室内空气质量参数（温度、湿度、洁净度、流动速度等）。然而空调通风设备长年累月地运行，以及长期未对通风管道进行清洗，会造成通风管道内积尘量过大、微生物大量繁殖滋生等，从而引起室内通风不良，严重时还容易诱发"病态建筑综合征"（sick building syndrome，SBS）和"军团病"等现代建筑问题。本书将聚焦于通风管道净化领域，主要介绍中央空调系统通风管道、新风系统送风管道、空气净化系统送回风管道这三类通风管道的净化。

1.1　通风管道设备介绍

按照中华人民共和国住房和城乡建设部在 2017 年发布的行业标准《通风管道技术规程》（JGJ/T 141—2017）[1]中的规定，通风管道主要指的是用于工业与民用建筑中通风工程与空调工程领域，用金属、非金属或复合材料所制成的管道，也称为通风管或简称为风管。作为市政建设中的一种基础设施，通风管道在通风系统和空调系统中的作用是合理组织空气流动，保证空间内的空气温度和相对湿度；使空气流通，并降低有害气体浓度，保证空气的洁净度；输送空气不产生噪声，或兼有消声功能；保证在允许承压条件下，风管内空气不会向外泄漏或风管外空气不会向内侵入[2]。按照用途可以将通风管道分为中央空调系统通风管道、新风系统送风管道、空气净化系统送回风管道、工业送排风通风管道、环保系统吸排风管道、矿用抽放瓦斯管道等。

随着城市工业化程度和居民生活水平的不断提高，人们对工业生产和日常生活场所中的环境空气质量有了更高、更严的要求，通风管道在人们生产生活中的使用率也逐渐提升。如果长期运行而不清洗，大量污染物便在通风管道中积聚，随着通风系统的运行对产品质量、人体健康和环境安全产生危害。因此，净化处理通风管道内的污染物，消除污染隐患，就显得尤为重要。

1.1.1　中央空调系统

中央空调系统指的是由中央空调主机提供冷源（热源），并通过管道输送至空调末端设备，再由空调末端设备对建筑物或构筑物室内空气的温度、湿度、洁净度进行调节的一套机械系统。

中央空调系统由一个或多个冷/热源系统或供风系统和多个空气调节系统组成，主要是通过通风管道送风或冷/热源带动多个末端设备的方式来达到控制、调节室内空气质量的目的。中央空调不仅可以控制、调节室内空气温度和湿度，满足人们所需，还能确保室内空气温度和湿度的精度控制在很小的一个范围。这样的调控功能尤其适用于对温度和湿度有严格要求的生产车间（食品、医药、精密仪器和器件等）、研究实验室、生物培育室等场所。因此中央空调被广泛应用于住宅、商场、旅馆、酒店、写字楼、办公室、影剧院、图书馆、美术馆、博物馆、体育馆、广播中心、汽车、船舶、飞机等，用以提高人们生活、工作、学习环境的舒适性（舒适型中央空调）；且在化工、医药、生物、纺织、烟草、食品、钢铁、印刷、造纸、胶片、橡胶等工业生产领域也发挥着巨大的作用，主要提供这些生产过程所需要的温度、湿度、洁净度。

中央空调原指的是用于大型工民建筑工程的集中式或半集中式空调系统，近些年来，行业内又将中央空调细分为家用中央空调和商用中央空调。

家用中央空调是相对于传统的分散式家用空调形式而言的。家用中央空调是一个小型化的独立空调系统，制冷方式和基本构造类似于大型中央空调，兼顾了大型中央空调和普通家庭空调的优点。家用中央空调由一台主机通过风管或冷/热水管连接多个末端出风口，将冷/暖气送到不同区域，来达到调节室内空气的目的。家用中央空调结合了大型中央空调的便利、舒适、高档，以及传统小型分体空调的简单、灵活等众多优势，适用于家庭住宅、公寓、别墅等场所。

商用中央空调是制冷空调的一个细分子类，一般认为能够纳入商用空调范畴的包括户式中央空调、部分传统中央空调及部分家用中央空调[3]。

中央空调系统基本组成有冷/热源系统（主机设备）、空气热湿处理系统、冷却塔、空气输送与分配系统、空气水循环系统和自动控制系统等，如图 1-1 所示。

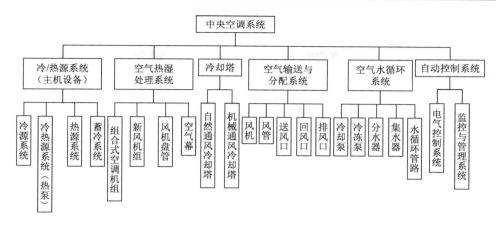

图 1-1　中央空调系统基本组成图

　　无论是家用中央空调还是商用中央空调，都具备中央空调的优点。实际上家用中央空调和商用中央空调结构组成也基本相同，但商用中央空调受到使用场合（如大型购物中心、体育馆、生产车间、写字楼等）制冷/热量要求的限制，其系统运行功率一般都比家用中央空调系统大得多。此外，在系统控制和空气处理方面，商用中央空调系统的复杂度也较家用中央空调系统高得多。

1.1.2　新风系统

1. 新风的概念

　　新风一般指的是建筑物外的空气，或者是在进入建筑物前未被通风系统循环过的空气。文献[4]中也将新风简单概述为室外的新鲜空气。

　　空调在使用时一般要求较密闭的空间，这样不仅可以使得室内温度快速降低（升高）到所设定的温度，还可以减少建筑能耗。建筑能耗指建筑使用能耗，包括采暖、空调、热水供应、照明、炊事、家用电器、电梯等方面的能耗。文献[5]称采暖、空调能耗占建筑能耗的六七成，尤其是在大型现代化办公建筑、公共工程（如体育场、游泳馆、大型购物中心等）中，暖通空调系统（供暖、通风与空气调节，heating ventilation and air conditioning，HVAC）的运行能耗占总能耗的比例更高。现在大量研究[6-10]都集中在建筑节能领域，以期实现绿色建筑（指能够达到节能减排目的的建筑物）的普及。提高建筑物密封性虽然可以节约建筑能耗，但是由于室内环境中存在着多种污染物，包括气体污染物如甲醛、苯、氨等，颗粒物污染如 $PM_{2.5}$、PM_{10} 等，以及微生物污染如细菌、真菌、过滤性病毒和尘螨等，这些污染物会不断累积，长期不通风的室内含氧量也会下降，二氧化碳超标还会引发亚健康危险，危害人体健康，因此，在现代建筑物中，为了保持室内空气新鲜，引入室外新鲜空气是必要的。但开窗通风又会使得室内冷量/热量大量流失，而且室外环境中的灰尘、被污染的空气、噪声等也会进入室内，加重空调系统的运行负荷，因此新风成了解决这一问题的优选方案。

2. 新风系统的概念

文献[11]研究表明，室内空气污染的程度比室外严重 2～5 倍，在特殊情况下甚至可达 80～100 倍。室内某些有害气体浓度可高出户外十倍甚至几十倍，而且这些有害气体还包含数十种致癌物质，如甲醛、苯、氡等。现代住宅的高密闭性及空调的普及，在调节室内环境的同时，也让居室环境更加封闭，室内空气流通性更差，导致室内空气质量降低。此外现代装修耗材挥发有毒有害气体，严重影响了人类的身心健康，引发多种疾病，严重的直接致死，安装新风系统则可以很好地改善室内空气污染问题，提高室内空气质量。

新风系统是由新风机组和管道附件组成的一套对建筑物内空气实行持续单向（进或排）或双向（进和排）通风、集中或分散控制的独立空气处理系统。其具体实现方法是新风机组将室外新鲜空气过滤、净化，再通过管道输送到室内[12, 13]。新风系统是将建筑物周边的室外空气引入室内，因此室内空气质量取决于建筑物周围大气环境及周围可能存在的污染源的种类和污染物的浓度。

3. 新风系统的类型

（1）新风系统按照安装方式可分为管道式新风系统和无管道新风系统。

管道式新风系统也称中央新风系统，由新风机和管道配件组成。管道式新风系统最好在墙面还未处理及吊顶未完成前进场安装[14]。已装修完的房屋也是可以安装新风系统的，可以选择裸露部分风管的形式，但会对室内整体装修美观度有所影响；也可选择二次局部吊顶的方式，拆掉原有吊顶，安装好主机和管道后，重新设计吊顶。

无管道新风系统也称单体新风系统，主要由新风机和通风器（是指各种小型送风设备，分为自然送风和强制送风两种）组成。

管道式新风系统由于工程量大、换气更全面，更适合工业、商业或者大面积办公区使用，其性能更优、换气与净化效率更高；无管道新风系统因为安装方便，且灵活度更高，占用室内空间小（有的无须吊顶、无须铺设管道和隐藏管道、不占用室内层高空间），因此也更适合家庭使用。

（2）按照气流组织形式可将管道式新风系统分为单向流中央新风系统、双向流中央新风系统、全热交换中央新风系统三种。

单向流中央新风系统主要由系统主机［图 1-2（a）］、进风口、排风口、各种管道和接头等部件构成 [图 1-2（b）]，单向流包含"强制排风"和"强制送风"两种，因此单向流中央新风系统可以分为负压式新风系统（采用的机制是"强制排风，自然进风"）和正压式新风系统（采用的机制是"强制送风，自然排风"）。负压式新风系统属于比较低端的新风系统，也是最常见的一种类型。负压式新风系统工作原理是依靠主机工作产生的吸力，将室内污浊空气输送到室外，室内形成一个负压区，为了平衡室内的负压，房间外面相对新鲜的空气从预先安装好的进气口进入室内，以达到通风换气的目的。正压式新风系统工作原理是通过强制送入过滤好的新鲜空气在室内形成微正压状态，在正压的作用下，室内污浊空气从门缝或者别的通风口排出，从而达到循环通风换气的作用。此类通风设备较负压式新风系统而言，净化效果更好，引进的新风量也更为充足，基本能够满足一定空间内的需求。正压式新风系统经常与中央空调联用，并且可以增加各种空气滤网，如高效空气过滤器（high efficiency particulate air filter，HEPA filter）滤网。由于单向流中央新风系统自身原因，对引进室内的空气的净化效果不理想，新风质量较差。该系统一般多用于建筑层高较高的住宅、公寓或者办公场所。

 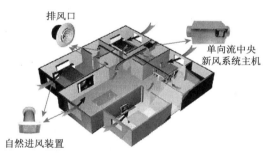

(a) 单向流中央新风系统主机　　　　　(b) 典型单向流中央新风系统布局

图 1-2　单向流中央新风系统示意图[15]

双向流中央新风系统（图 1-3）是对单向流中央新风系统的有效补充。双向流中央新风系统有两个电机：一个抽入室外新风，另一个强制排出室内空气。在双向流中央新风系统的设计中排风主机与室内排风口的位置与单向流分布基本一致，不同的是双向流中央新风系统中的新风是由新风主机送入。新风主机通过送风管道与室内的空气分布器相连接，新风主机不断地把室外新风通过送风管道输入室内，以满足人们日常生活所需新鲜、洁净的空气。双向流中央新风系统的原理如下。一方面，将经过滤、净化好的外界新鲜空气送入室内，补充富含氧气的健康洁净空气。另一方面也起到排风作用：快速排出室内污浊的空气，降低二氧化碳浓度，同时可以排出 $PM_{2.5}$、灰尘、甲醛、总挥发性有机化合物（total volatile organic compounds，TVOC）、氨、微生物、致敏物等污染物。简单来说，所谓双向流中央新风系统，就是机械强制送风、机械强制排风。新风由双向流中央新风系统管道送入室内，污浊空气通过排风系统管道集中排至室外，一送一排，实现室内外空气的置换与对流，换气效果更加明显，在家庭和公共场合中都可安装运用。

　　综合来看，双向流中央新风系统换气的效果比较理想，可对送入室内的室外空气进行过滤杀菌处理，新风品质较高。

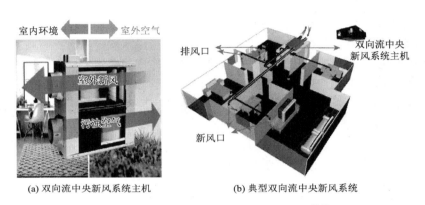

(a) 双向流中央新风系统主机　　　　(b) 典型双向流中央新风系统

图 1-3　典型双向流中央新风系统示意图[16]

　　全热交换中央新风系统是在双向流中央新风系统的基础上进行改进的一种具有热回收功能的送排风系统。它的工作原理和双向流中央新风系统类似，不同的是其送风和排风由一台主机完成，而且在主机内部装载有全热交换器（total heat exchanger），可快速吸热和放热，保证了新风和排风与空气之间充分的热交换。排出室外的空气和送进室内的新风在经过全热交换器的时候进行了预热、预冷的能量交换，具有较高的热回收效率[17]，即使室内外温差较大也不会对室内冷热负荷（温度）造成太大的波动。全热交换器工作原理如图 1-4 所示。当全热交换器运行时，室内排风和室外新风，分别呈正交叉方式流经热交换芯体，由于气流分隔板两侧气流存在着温差和蒸汽分压差，两股气流通过分隔板时呈现传热传质现象（通过传热板交换温度，同时又通过板上的微孔交换湿度），引起全热交换过程。

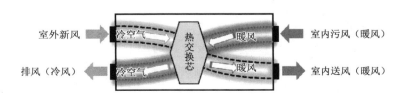

图 1-4　全热交换器工作原理简图

4. 新风系统的特点

新风系统的优点如下。

（1）不用开门窗也可以享受大自然的新鲜空气，搭载有净化功能的新风系统可以提高新风的空气质量。

（2）将室外空气经过一定处理程序后输入室内各处，将室内含有各种有害成分的浑浊空气排出去。

（3）避免"病态建筑综合征"。

（4）通过热回收装置回收排风中的热能，降低了建筑能耗，有较高的节能效益、经济效益和环境效益。

（5）可以清除室内装修后长期缓释的有害气体，也可以降低室内二氧化碳浓度。

（6）有效避免由冷凝或霉菌引起的家具、衣物等的发霉现象，也可有效控制尘螨。

新风系统的缺点如下。

（1）安装复杂。尤其是管道式新风系统，在设计安装新风系统时，重点要考虑管道的布置问题，一方面要尽量减少风量的损失，另一方面要满足吊顶高度的要求，最后还要与中央空调管道配合。

（2）新风系统会有一定程度的噪声。新风系统主机的噪声与风量的大小成正比，噪声问题可以通过在新风系统主机下方铺设隔音棉等方式来缓解，也可以通过静压箱来解决。

（3）新风管道易引起积尘等污染。室内、室外的空气均通过通风管道排出室外或引入室内，因此空气中的颗粒物、微生物及气态污染物等污染便会吸附、沉积在新风系统管道内。

（4）新风管道清洗、消毒较麻烦。新风管道易引起积尘等污染，因此有必要定期对新风系统的风口、管道及滤网等部位进行清洗和消毒。而传统新风都安装在吊顶上方，导致清洗、消毒等保养维护比较麻烦。

1.1.3 空气净化系统

1. 空气净化系统概念

空气净化系统在通风工程和空调工程中均有所应用，它的作用是提供洁净、温湿度适宜的生产和生活环境，给特定空间内输送符合一定卫生标准的洁净空气，从而保护产品工艺不受环境的污染和其他负面影响，在一些特殊场合（如科研实验室、手术室、无菌室等）保证科研、手术、生产等过程的顺利进行，同时也为人类提供安全、健康、舒适的工作、生活环境。

2. 空气净化系统类型

空气净化系统是以创造洁净空气环境为最主要目的的空气调节措施。空气净化系统又可分为工业洁净系统（industrial cleaning system）和生物洁净系统（biological cleaning system）。工业洁净系统是除去空气中悬浮的尘埃，而生物洁净系统不仅需要去除空气中的尘埃，而且应除去空气中的微生物等来创造空气洁净的环境。无论是工业洁净系统还是生物洁净系统都是以创造洁净室（clean rooms）、洁净区（clean zones）为目的。国际标准化组织 ISO 14644-1：2015（E）《洁净室和相关受控环境 第一部分：根据粒子浓度划分空气洁净度等级》的标准[18]对洁净室是这样说明的：该洁净室的悬浮粒子浓度受控，其设计、建造和使用的方式是使进入、产生、滞留于室内的粒子较少；室内其他参数，如温度（temperature）、湿度（humidity）、气压（pressure）、震动（vibration）、静电（electrostatic）按需要受控。

洁净室是一种现代化的建筑。洁净室的设计和管理之源可以追溯到一个世纪以前的医院抗感染措施，但生产制造业对生产环境的洁净需求却是在现代社会才提出的。制造业之所以需要洁净室，是因为生产人员、管理人员、生产设备、建筑物等都会产生污染。人类的新陈代谢活动通过呼吸道、皮肤、汗腺向外界排出一定量的空气污染物；人体感染的各种致病微生物，如流感病毒、结核杆菌、链球菌等也会通过咳嗽、打喷嚏等喷出；机械设备生产也会产生大量粒子污染物、气体污染物等。洁净室的存在便是控制尘埃粒子和悬浮微生物（如细菌、立克次体和病毒等，在空气中难于单独存在，而是以群体存在，大多附着在空气中的尘埃上，形成悬浮的生物粒子）的传播，从而使得生产活动得以在"无尘无菌"（"无尘无菌"是指将尘埃粒子和悬浮微生物浓度控制在限值内的一种表述）的洁净环境中进行。

洁净室在应用形式上也是多种多样的，按照其用途可以分为两大类：工业洁净室和生物洁净室。下面简单介绍工业洁净室和生物洁净室的区别及两者的应用范围。

工业洁净室是以无生命微粒（尘埃）为主要控制对象的，主要控制的是空气尘埃微粒对工作对象的污染，内部一般保持正压状态。它适用于精密机械工业、电子工业（半导体、集成电路等）、高纯度化学工业、光磁产品工业（光盘、磁带、光学镜头、胶卷/片、激光设备等）、液晶显示器（LCD）、计算机硬盘、电脑软驱磁头生产、原子能工业、宇航工业等多行业。

生物洁净室内，不仅尘埃粒子少，而且以粒子形式存在的细菌也很少，在平行流洁净室（通过洁净室/区整个断面的风速稳定、大致平行的受控气流）内，更接近无菌的程度。把这种洁净室技术应用到需要"无菌"环境的场合，或者说应用于以"净化"生物微粒为主的场合，习惯上称为生物洁净室。生物洁净室与工业洁净室的功能虽然相同，都是污染控制，但是目的和要求不同，生物洁净室是以控制微粒作为保障条件，最终达到控制微生物污染的目的。"全方位、全过程控制"是生物洁净室污染控制的基本思想[19]。生物洁净室具体又可分为以下两大类。

（1）一般生物洁净室：主要控制微生物（细菌）对象的污染。一般生物洁净室中进行的实验、生产过程不具有传染性，但要求室内环境对实验本身不造成不良影响，且洁净度必须达到实验和生产的要求，因此室内要进行消毒灭菌，且要求其内部材料要能经受各种灭菌剂侵蚀。一般生物洁净室内部一般保证正压，如制药工业、医院（手术室、无菌病房等）、食品、化妆品、饮料产品生产、动物实验室、理化检验室、血站等。

（2）生物学安全洁净室：主要控制有生命微粒对外界和人的污染。凡进行微生物学、生物医学、功能实验及基因重组等领域的科学科研生产均需要生物学安全洁净室。生物学安全洁净室内部要保持与大气的负压。负压洁净室中的送风、回风和排风系统的启闭跟正压洁净室一样宜采用联锁制动。负压洁净室联锁程序应先启动回风机和排风机，再启动送风机；关闭时联锁程序相反。而正压洁净室联锁程序则与负压洁净室联锁程序完全相反。生物学安全洁净室的应用包括：细菌学、生物学、生物工程（重组基因、疫苗制备、药品病理检验）等。

3. 级别

空气净化系统的作用是提供洁净、温湿度适宜的生产和生活环境，在一些特殊场合下，需要用到洁净室或者洁净区。例如，光电子器件领域、食品加工领域、制药生产领域等。不同的生产领域、工艺条件所要求的洁净室/区的洁净度是有所差别的，或者从生物洁净室又可分为一般生物洁净室和生物学安全洁净室这一点来看，都说明了洁净室是有一定的等级划分的，而这个划分一般国际上通用的方法是采用空气洁净度等级（air cleanliness class）来表示。

空气洁净度等级的定义：洁净空间单位体积空气中，以大于或等于被考虑粒径的粒子最大浓度限值进行划分的等级标准。建立洁净度标准是洁净技术发展的重要标志。在20世纪60年代，美国军方的内部有很多研发和实践活动需要在无尘环境下进行，如组装军方陀螺仪、美国国家航空航天局（NASA）的登月计划[20]。洁净室的第一个标准便是由美国军方发布的《美国空军技术条令》（Technical Manual TO 00-25-203）。1963年，美国基于洁净室内空气质量又发表了美国联邦标准FS 209（Federal Standard 209）的空气洁净度级别，此标准也成了以后其他各国制定洁净室空气质量标准的重要参考。为了适应洁净技术的发展，尤其是微电子工业的迅速发展，美国联邦标准 FS 209 经过了数次修订，直到 2001 年 11 月底，FS 209E 的空气洁净度级别标准因市场需求对洁净度控制要求日益提高和国际单位制应用不适应的问题被美国有关部门宣布废除，取而代之的便是在 2000 年开始实行的国际标准 Cleanrooms and associated controlled environments—Part 1：Classification of air cleanliness（ISO 14644-1：1999）[21]。我国关于洁净度等级的研究和标准制定起步相对较晚，1979 年出版了《空气洁净技术措施》，1984 年颁布了《洁净厂房设计规范》（GBJ 73—1984）标准，其中关于洁净度分级标准也是采用了美国联邦标准 FS 209B[22]。2001 年对该规范进行了较大的修改，制定了《洁净厂房设计规范》（GB 50073—2001）。总体来说，我国在制定空气洁净度等级时所用的控制微粒数量是按照以下三大原则进行划分的[23]：①空气净化手段（措施）能达到的；②这些措施手段在经济上有明显区别；③方便使用和记忆。

中华人民共和国住房和城乡建设部与中华人民共和国质量监督检验检疫总局在总结《洁净厂房设计规范》（GBJ 73—1984）标准和《洁净厂房设计规范》（GB 50073—2001）两版国标的适用性，以及结合我国洁净厂房设计建造和运行的实际情况下，于 2013 年 1 月 28 日联合发布了国标《洁净厂房设计规范》（GB 50073—2013）[24]，洁净厂房内空气中悬浮粒子空气洁净度等级应符合表 1-1 中的规定。该标准的发布采用了 ISO 14644-1：1999 国际标准的洁净度等级。从表 1-1 中可以看出，洁净厂房的洁净度是分等级（分为 9 级）的，每一等级并不是要求把洁净厂房内所有的悬浮粒子都消除，而是将空气中的悬浮粒子控制在一个合理的范围内。

表 1-1　洁净室及洁净区空气洁净度整数等级区分表

空气洁净度等级	大于或等于要求粒径的最大浓度限值/(pc/m³)					
	0.1 μm	0.2 μm	0.3 μm	0.5 μm	1 μm	5 μm
1 级	10	2	—	—	—	—
2 级	100	24	10	4	—	—
3 级	1 000	237	102	35	8	—
4 级	10 000	2 370	1 020	352	83	—
5 级	100 000	23 700	10 200	3 520	832	29
6 级	1 000 000	237 000	102 000	35 200	8 320	293
7 级	—	—	—	352 000	83 200	2 930
8 级	—	—	—	3 520 000	832 000	29 300
9 级	—	—	—	35 200 000	8 320 000	293 000

注：按不同的测量方法，各等级水平的浓度数据的有效数字不应超过 3 位。
　　"pc/m³" 为浓度限值单位；"pc" 指代的是 "permission concentration"，意指容许浓度值。

《洁净厂房设计规范》（GB 50073—2013）同时指出，不同的洁净室所要求的空气洁净度等级也会不同。当洁净室/区内的产品生产工艺要求控制微生物、化学污染物时，应根据工艺特点对各空气洁净度等级规定相应的微生物、化学污染物浓度限制。

净化工程是一个应用非常广泛的基础性配套产业，净化系统的建立主要是为了避免粉尘进入，做好静电防护，预防细菌感染等。一般对环境要求比较严格、对空气洁净度要求高的行业都需要安装空气净化系统，如医学、手术室、医疗器械、药品、食品、保健品、化妆品、电子产品等需要 QS（quality standard，质量标准，带有 QS 标志的产品就代表着经过国家批准的所有生产企业必须经过强制性的检验）认证或 GMP（good manufacturing practice，良好生产规范）认证的行业，根据各行业的精密与无尘无菌要求，空气净化系统的等级差别也比较大。目前净化级别高的当属航天航空的航空舱，级别都在 1 级。

虽然我国微电子制造行业目前还处于发展阶段，但随着中国逐渐从"制造大国"向"智造大国"转型，国内涌现出一批知名的高科技制造企业，多个高科技项目也在全国多地落实并实施。为实现微电子制造行业的稳定发展，除了拥有自主研发的技术外，还应重视基础硬件建设，尤其是环境保障条件建设等方面。在这诸多环节中，微电子制造行业所必需的工业洁净厂房就显得十分重要。从生产层面上看，微电子产品的制造工序复杂且繁多，其中许多关键工艺需要在恒温、恒湿、超洁净的无尘环境下进行。但其中部分大中型生产设备会释放出高浓度颗粒物和化学物质，这些物质都会引发生产的良品率下降及其他生产安全隐患。因此，微电子制造行业在生产过程中对工业洁净厂房的设计和洁净效果有非常高的要求和技术标准[25]。其中除了包括对生产环境中的颗粒浓度和化学物的浓度有所控制，同时对分子气态污染物也提出了受控要求。分子级空气污染物以气态形式存在，HEPA 过滤器或者超高效空气过滤器（ultra low penetration air filter，ULPA filter）可以有效除去粒子，但无法过滤分子气态污染物，所以微电子车间内分子级空气污染的控制越来越重要。目前关于分子气态污染物的国际分类标准有半导体工业协会（Semiconductor Industry Association）[26]、ISO 14644-8：2013[27]和国际半导体设备与材料协会（Semiconductor Equipment and Materials International，SEMI）等制定的行业标准，而最常用的是 SEMI 标准 SEMI F21-1102[28]，该标准将分子气态污染物分为 A、B、C、D 及未分类物质五大类。

A 类：Acids，Class MA（酸性物质 MA），酸蒸气。在化学反应中能够接受电子的化学腐蚀性气相物质，其反应的强弱根据其氢离子浓度而定。包含氮氧化物（NO_x）、硫氧化物（SO_x）、硫化氢（H_2S）、氢氟酸（HF）、盐酸（HCl）、硫酸（H_2SO_4）、硝酸（HNO_3）、磷酸（H_3PO_4）等。

B 类：Bases，Class MB（碱性物质 MB），碱蒸气。在化学反应中能够提供电子的化学腐蚀性物质。包含氨气（NH$_3$）、六甲基二硅胺[(CH$_3$)$_3$SiNHSi(CH$_3$)$_3$]、三甲基胺[N(CH$_3$)$_3$]等。

C 类：Condensables，Class MC（凝结物质 MC），凝结物质。常温常压下，能够在干净表面凝结的气相物质。包含硅酮、二叔丁基甲酚、二丁基羟基甲苯、大分子碳氢化合物等。

D 类：Dopants，Class MD（掺杂物质 MD），掺杂物质。能够改变半导体材料导电性的物质。包含三氟化硼（BF$_3$）、硼烷（B$_2$H$_6$）、磷化氢（PH$_3$）、有机磷酸盐、砷烷（AsH$_3$）、砷酸盐等。

未分类物质：No Classes，如双氧水（H$_2$O$_2$）、臭氧（O$_3$）、丙酮（CH$_3$COCH$_3$）、异丙醇[(CH$_3$)$_2$CHOH]等。表 1-2 列出了以 A、B、C、D 四类物质为控制对象的空气洁净度等级标准。

表 1-2 SEMI 针对不同等级的洁净室污染物容许浓度制定的标准

AMC 物质分类	浓度等级				
	1	10	100	1 000	10 000
酸性物质 MA	MA-1	MA-10	MA-100	MA-1 000	MA-10 000
碱性物质 MB	MB-1	MB-10	MB-100	MB-1 000	MB-10 000
凝结物质 MC	MC-1	MC-10	MC-100	MC-1 000	MC-10 000
掺杂物质 MD	MD-1	MD-10	MD-100	MD-1 000	MD-10 000

注：表中 AMC 为空气传播分子污染物；MX-N，X 为污染物种，N 为浓度[单位 parts per trillion（ppt），10^{-12}]。举例来说，MB-10 000 等级，表示洁净室内的空气中碱性气体的容许体积分数为 10^{-8}。

1.2 通风管道污染

1.2.1 通风管道概述

1. 通风管道的含义和作用

随着我国科技的快速发展及人们环保健康意识加强，工业通风工程和建筑通风工程在人们日常生活和国民生产中的作用也越来越重要。要想创造出空气质量符合质量标准的空间或洁净室/区，就离不开通风工程（ventilation works）和空调工程（air conditioning works）。通风工程指的是送风、排风、防排烟、除尘和气力输送系统工程的总称；空调工程指的是舒适性空调、恒温恒湿空调和洁净室空气净化及空气调节系统工程的总称。通风管道（ventilation duct，air duct）是这两种工程中关键组成部分之一。

通风管道是一类用金属、非金属或复合材料所制成的管道，其最主要的作用是让室内外空气流通，从而得到良好的通风。通风，就是将室内或者封闭空间里的污浊空气排出去，在工厂中将产生的有害物质经过净化处理之后都排出室外，然后再将新鲜空气送入室内，稀释室内空气中的有害物质，满足人员和车间对于清洁、卫生、安全空气的需求。

通风管道的设计、制作与安装应按照图纸、合同和相关技术标准的规定执行。风管制作原装所用板材、型材及其他主要成品、半成品原料的规格、性能，应符合图纸设计及现行相关产品标准的规定，并且配有出厂检验合格文件，材料进场时应按国家现行有关标准进行检查验收[1]。

2. 通风管道的种类和特点

通风管道按截面形状可分为矩形风管、圆形风管和扁圆（椭圆）风管，分别如图 1-5（a）、（b）、（c）所示。矩形风管通常是由 4 块钢板铆接制作而成。钢板材料一般是镀锌钢板和普通钢板。从加工角度考虑，矩形风管制作工艺简单、所需安装空间较小、空间方位和分支接口布局简便、保温施工方便、施工技术难度低。圆形风管最常见的形式是螺旋圆形风管，其是一种采用带状金属通过螺旋形咬缝链接卷制而成的薄壁圆形管，主要有镀锌螺旋风管、不锈钢螺旋风管和复合螺旋风管三种。其中，不锈钢螺旋风管质量最好，适用性强，但价格高。镀锌螺旋风管价格相对较低，且镀锌层可以显著提高风管防护性和装饰性，因此在市场上流通性最广。复合螺旋风管一般应用在对风管要求不太高的场所。圆形风管中，每个长度的直管是采用一整片金属板卷制而成，管与管的连接口较少，有利于降低风管泄漏概率。就耗材而言，在风管截面积相同的情况下，制作圆形风管的板材耗量及安装所用的密封胶和保温材料都比矩形风管少。圆形风管的摩擦损耗比矩形风管小（通风噪声也小），承压性能、强度与刚性也优于矩形风管。扁圆（椭圆）风管则比较少见，一般通过挤压圆形风管制作而成。

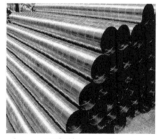

(a) 矩形风管　　　　　　　(b) 螺旋圆形风管　　　　　　(c) 扁圆（椭圆）风管

图 1-5　不同形状风管实物图

通风管道按加工工艺可分为角钢法兰风管和共板法兰风管。角钢法兰风管是指由传统的角钢法兰连接而成的风管。传统的金属风管管段之间的连接工艺是将角钢或扁钢法兰与管段之间，采用翻边、铆接或焊接的方法进行固定，再采用螺栓把管段连接而得到的风管。其优点是节省材料、降低能耗、节省运行费用，长期以来被多数工程所采用。但角钢法兰风管的加工和安装工序复杂，角钢法兰风管由 4 根角钢焊接而成，再放在冲床上冲铆钉孔和螺栓孔。角钢法兰与风管装配分为角钢法兰与矩形风管装配和角钢法兰与圆形风管装配。矩形风管法兰全部采用角钢制作。角钢法兰与矩形风管的装配有两种形式：翻边铆接（风管壁厚≤1.5 mm）、翻边点焊或点焊后再满焊（风管壁厚＞1.5 mm）。角钢法兰与圆形风管的装配细分有三种形式：翻边铆接（风管壁厚≤1.5 mm）、翻边与点焊并用（风管壁厚＞1.5 mm）、沿风管管口周边与法兰满焊（风管壁厚＞1.5 mm）[29]。共板法兰风管本身两端通过设备板边自成法兰，即法兰与风管管壁为一体，这样加工而成的风管形式称为共板法兰风管，也称为无法兰风管。这种加工工艺的加工设备简单，便于实现自动化，且使得连接法兰和风管无须任何连接自成一体，风管之间连接方便，密封性能好，强度高，外形美观，安装省时省力。共板法兰风管采用的是法兰卡与法兰夹，取代了传统的角钢法兰铆接的方法连接。在建筑暖通系统中，因其加工制作自动化程度高、成型效果好、安装质量优、生产成本低等优点，已经逐渐取代了传统的角钢法兰接口技术[30]。共板法兰风管适用于中低压通风系统、中央空调系统和空气净化系统中矩形薄钢板风管的制作安装，尤其适用于高层建筑的矩形风管制作安装[31]。

通风管道按用途分类可分为中央空调系统通风管道、新风系统通风管道、净化系统送回风管道、工业送排风通风管道、环保系统吸排风管道、矿用抽放瓦斯管道等。

通风管道按材质可以分为金属风管、非金属风管和复合材料风管，其构成见表 1-3。

表 1-3　通风管道材质分类表[1]

名称	材质种类	板材构成
金属风管	钢板	镀锌钢板、冷轧钢板
	不锈钢板	不锈钢板
	铝板	铝板
非金属风管	无机玻璃钢	镁水泥、玻璃纤维布
	有机玻璃钢	环氧树脂、玻璃纤维布
	硬聚氯乙烯、聚丙烯（PP）	硬聚氯乙烯、聚丙烯
	织物布风管	织物纤维

续表

名称	材质种类	板材构成
复合材料风管	酚醛（或聚氨酯）板复合材料	由单面彩钢（或镀锌钢板）、酚醛（或聚氨酯）板、铝箔等复合而成
		由双面彩钢（或镀锌钢板）、酚醛（或聚氨酯）板等复合而成
	玻璃纤维板复合材料	由玻璃纤维板、铝箔（或玻璃纤维布）等复合而成
		由单面彩钢（或镀锌钢板）、玻璃纤维板、铝箔（或玻璃纤维布）等复合而成
		由双面彩钢（或镀锌钢板）、玻璃纤维板等复合而成
	机制玻镁复合材料	由镁水泥、玻璃纤维布及植物纤维，或中间层隔热材料等复合而成
	钢板内衬玻璃纤维隔热材料风管	由钢板、玻璃纤维板（毡）等复合而成

镀锌钢板是目前市场上使用最为普遍的一种通风管道，指的是表面有热浸镀或电镀锌层的焊接钢板。镀锌钢因其良好的抗腐蚀性能而广泛应用于各个领域，传统中央空调风管一般采用镀锌钢板材料制作而成，但是这种材料制成的空调风管在实际应用中存在一定的缺陷和问题，因此在一定程度上限制了空调系统性能的改善[32]。

无机玻璃钢风管是一种比较新的通风管道，按其胶凝材料性能可分为 BWG 和 MG 两类，BWG 指的是以硫酸盐类为胶凝材料与玻璃纤维网格布制成的水硬性无机玻璃钢风管；MG 指的是以改性氯氧镁水泥为胶凝材料与玻璃纤维网格布制成的气硬性改性氯氧镁水泥风管。按其用途可分为非保温 F 型和保温 B 型，前者主要用于通风系统和防排烟系统；后者主要用于空调系统的防排烟系统。

有机玻璃钢风管是用于空调、除尘、通风、净化及气体输送等环境条件下理想的管道材料，它具有质量轻、耐腐蚀、强度高、耐老化的性能特点，特别适用于潮湿和有酸碱的场合，如纺织、印染等含有腐蚀性气体及含大量水蒸气的生产车间排风系统。根据采用的纤维不同，有机玻璃钢分为玻璃纤维增强复合塑料、碳纤维增强复合塑料、硼纤维增强复合塑料等，是以玻璃纤维及其制品（玻璃纤维布、玻璃纤维带、玻璃纤维毡、玻璃纤维纱等）作为增强材料，以合成高分子树脂作基体材料的一种复合材料。

织物布风管是一种由特殊纤维织成的柔性空气分布系统，是替代传统送风管、风阀、散流器、绝热材料等的一种出风末端系统。它是主要靠纤维渗透和喷孔射流的独特出风模式，能均匀线式送风的出风末端系统。织物布风管系统利用纤维本身的特性，能过滤空气，提高空调区空气的洁净度。其运行时风速低，噪声很小，不会产生和传递共振。李岩[33]通过在物流库房的高大空间区域内引入织物布空气分布系统，有效解决了中央空调风管荷载过大和空气气流分布不均等问题。

酚醛复合风管是酚醛泡沫塑料，早期多应用于导弹及火箭头的保温。酚醛泡沫材料具有不燃性，导热系数小、隔热性能好，抗腐蚀老化，吸声性能优等诸多优点[34]，在中央空调风管、冷热输送管道、洁净厂房、商场、轻体快装房、冷库、冷藏车、墙体保温、飞机、船舶、宾馆等方面得到了广泛的应用。酚醛泡沫板与铝箔复合制成夹芯板，与传统中央空调送风管道相比，其优势在于[35]：①绝热性好，大大减少空调的散热损失；②质量较轻，可减轻建筑负荷；③无须进行现场保温施工，不必预留施工空间，降低层高；④输送介质卫生，避免二次污染；⑤美观，适合明装，性价比高。

玻璃纤维复合风管是以玻璃纤维板内衬玻璃丝布（或内涂杀菌防腐涂料或复合铝箔），外用复合铝箔组成基材，通过黏合成型并采取内外加固措施而制成的一种为了适用新技术、新材料而研制的新型风管[36]。其特点如下：①消声性能好；②保温性能优；③防火性能强；④具备一定的耐压性能；⑤防潮防腐（内层表面防霉抗菌）；⑥美观（适合明装），外层强度高；⑦质量轻、漏风量小、制作安装快、占用空间小。铝箔玻璃纤维复合风管集传统金属风管、玻璃钢管道和保温层于一体，美国等发达国家早在 20 世纪 80 年代就将其广泛应用于空调通风工程。国内玻璃纤维复合风管起源于 80 年代，是以美国的玻璃纤维风管技术为基础发展起来的[37]。玻璃纤维复合风管工艺目前主要用于中压以下的空调系统，不适用于超洁净空调、酸碱性环境和防烟系统及相对湿度 90%以上的系统。

机制玻镁复合风管：玻镁复合板材是一种绿色环保、节能型通风材料，我国建筑工业行业标准《机制玻镁复合板与风管》（JG/T 301—2011）中规定[38]，机制玻镁复合板两面强度结构层应以中碱（或无碱）玻璃纤维布为增强纤维，应以氯氧镁水泥为胶凝材料制作，中间夹芯层应采用绝热材料或不燃轻质结构材料制作。为了满足保温或者防火的要求，机制玻镁复合风管以两面为玻镁板、中间为绝热材料或不燃轻质结构材料组合而成，通过组合黏结工艺制成[39]。例如，玻镁板材和聚苯乙烯泡沫塑料（芯材）复合的风管，可在高、低温条件下使用；发泡过程中不产生对臭氧层产生破坏的物质；即使在发生火灾时，所产生的烟雾也不产生有毒物质，对人体无害[40]。用机制玻镁复合板制作的通风管道应按照国家建筑标准设计图集《机制玻镁复合板风管制作与安装》（09CK134）施工。在通风与空调系统中，机制玻镁复合风管主要应用于风管系统的送风管段、回风管段与防排烟管道，其主要特点如下：①防火性能卓越；②硬韧兼备，可满足低中高压系统；③质量较轻，比无机玻璃钢风管轻 1/3～1/2；④有效提高吊顶净空间；⑤漏风率低；⑥化学性稳定，使用寿命长。

1.2.2　通风管道三大应用

通风管道主要用于创造出"流通、清洁、卫生、安全"的空间环境，在工业及建筑业中的通风系统和空调系统中应用最为广泛，主要涉及酒店宾馆、商场超市、文体场所（如图书馆、博物馆、体育馆、游泳馆等）、写字楼及住宅的中央空调系统和新风系统，电子光学器件无尘车间净化体系，食品、化妆品、医药无尘无菌车间净化体系，工业污染操控用除尘、排油烟等排风管，学校、科研院所等科研用净化体系等。

1. 中央空调用通风管道

中央空调用通风管道是专业用于国防及民用建筑的室内空气调节系统的一部分，其主要功能是将调节后的空气按设计流量尽可能高效率地传送到房间末端设备。目前市场上的通风管道仍以铁皮风管为主要使用产品，占比在70%左右，玻镁风管占比 15%左右，玻璃棉风管、彩钢板风管等其他风管占15%左右[41]。

中华人民共和国国家统计局统计数据表明[42]，我国房间空气调节器产量 2019 年 9 月同比增长 10.6%。房间空气调节器的增长无疑也表明了空调通风管道使用量的增长。中央空调通风管道全国年用量为 $1 \times 10^9 \sim 1.2 \times 10^9 \mathrm{~m}^2$，且随着城镇化建设的发展，还在以每年 10%左右的速度保持增长[41]。

2. 新风系统用通风管道

新风系统用通风管道是新风系统（新风机组及管道附件组成的一套空气处理系统）的重要组成部分，是将室外新鲜空气经过滤、净化处理后输送到室内的输送介质。

在新风系统中，通风管道常用的形状主要为圆形风管和矩形风管两大类，也有扁圆形风管的通风管道[43]。

新风系统管道采用硬管风管作为主要的管路布置连接主机到每一个风口，在风口处及主机管口连接处采用软风管连接，这样可以充分发挥软硬风管优势，延长整个新风系统的使用寿命，同时也保证了送排风的效果。为了便于清扫风管内灰尘或检修通风管道上安装的电加热器等设备，一般会在新风系统通风管道上开风管检查孔和测定孔，测定孔分温度测定孔和风量测定孔两种。对于非保温风管可以不预留测定孔，但是在测定时需要钻孔。保温风管现场钻孔会破坏保温层，因此需要预留测定孔。

在工业和民用建筑中，根据制作材料的不同，新风系统用通风管道又可以分为金属风管和非金属风管。金属风管主要有普通薄钢板、镀锌钢板、不锈钢板、铝板和塑料复合钢板等；非金属风管主要有硬聚氯乙烯、无机玻璃钢和有机玻璃钢等。另外，也有一些采用不可燃面层材料和复合绝热材料板制作而成的复合材料风管。采用这些不可燃、耐火材料制成的新风系统用通风管道能满足一定防火要求[44]。

3. 空气净化系统用通风管道

空气净化系统用通风管道指的是连接净化空气过滤器的管道系统，主要功能是输送净化空气到指定场合。风管将空气净化系统的排风口、净化处理设备和风机连成了一体，是空气净化系统的重要组成部分。风管的形状主要有圆形、矩形及配合建筑空间要求而确定的其他形状。其设计目的是要合理组织空气流动，在保证净化系统使用效果的前提下，使初期投资和运行维护费用最低化[45]。

空气净化系统用通风管道的制作材料主要有普通薄钢板、镀锌薄钢板、硬聚氯乙烯塑料板、胶合板、纤维板等。其中，薄钢板（普通薄钢板和镀锌薄钢板）是最常用的材料。镀锌薄钢板具有一定的防腐性能。除尘系统因管壁磨损大，通常用 1.5～3.0 mm 厚的钢板。一般净化系统采用 0.5～1.5 mm 厚的钢板。风管和部件的板材应按设计要求选用，设计无要求时应采用冷轧钢板或优质镀锌钢板。硬聚氯乙烯塑料板适用于有酸性气体的通风系统，这种材料制作方便，但是不耐高温，不耐寒，只适用于−10～60℃，在辐射作用下易脆裂。除上述制作材料以外，也有以砖、混凝土等材料制成的风管，主要用于需与建筑、结构配合的场所。对需要移动的风管，可用柔性材料制成各种软管，柔性短管应选用柔性好、表面光滑、不产尘、不透气和不产生静电的材料制作（如光面人造革、软橡胶板等），光面向里。接缝应严密不漏风，其长度一般取 150～250 mm。安装完毕后不得有开裂或扭曲现象。

空气净化系统用通风管道在制作和安装时应符合下面几点要求[1, 46]。

（1）必须采用不易起尘、积尘和便于清扫的材料制作。风管垫料材质应选用厚度不小于 5 mm 的弹性较大的橡胶板。

（2）法兰垫应为不产尘、不易老化和具有一定强度和弹性的材料，严禁在垫料表面涂涂料，不得采用乳胶海绵，应尽量减少接头，接头处不允许直缝对接连接，必须采用梯形或榫形连接，并应涂胶粘牢。

（3）为防止风管内积尘，风管内表面应平整光滑，风管一般常用角钢框或在风管外皮用角钢加固，不得在风管内设加固框及加固筋。

（4）净化通风管道的咬口形式，如无特殊要求，一般采用咬口缝隙较小的单咬口、转角咬口及联合角咬口。按扣式咬口漏风量较大，如采用必须做好密封处理。上述咬口缝处都必须涂密封胶或贴密封胶带。

（5）风管制作场地应相对封闭，制作场地宜铺设不易产生灰尘的软性材料。地面敷设 5 mm 以上的橡胶板或木板，制作人员进入场地宜穿软底鞋。

（6）风管制作时，若采用铁质榔头锤击，易造成一些材质如铁皮镀锌层的损坏或变形，建议采用非金属榔头。

（7）风管、静压箱和部件必须保持清洁。风管加工前应采用清洗液去除板材表面油污及积尘,清洗液应采用对板材表面无损害、干燥后不产生粉尘且对人体无危害的中性清洁剂。风管制作完毕后再用无腐蚀性清洗液将内表面油膜和污物清洗干净,干燥后经检查达到要求,即用塑料薄膜及胶带封口。

(8)风管及其部件不得在没有做好墙壁、地面、门窗的房间内制作和存放,制作场所应经常清扫并保持清洁。

4. 中央空调系统、新风系统、空气净化系统的联系与区别

中央空调系统、新风系统、空气净化系统都是对空气进行调节和处理,从而提高室内舒适度、改善室内空气质量的系统。现实生活中,人们通常认为装了中央空调,就没必要另外搭配新风系统和空气净化系统了,实际上,是否安装相关空气处理系统,不仅要符合室内空气质量标准,也要符合相关工艺条件需求,最后还得考虑经济适用性问题等。中央空调系统、新风系统和空气净化系统三者之间既有联系也有区别。

中央空调系统主要功能:制冷或制热,调节和控制室内空气温度、湿度,确保达到适宜、舒爽的居住生活环境。

新风系统主要功能:对室内进行通风换气,引入室外新鲜空气,排出污浊的空气,实现室内室外空气循环,让人们在室内 24 h 都可以呼吸到新鲜的空气。其核心目标是室内外空气的置换和对流。

空气净化系统的作用是在某些特殊场合或者生产工艺中,对送入室内的空气或者对排出室外的空气中的悬浮颗粒物、气体污染物和微生物污染物进行清洁处理,有些特定场合还有除臭、增加空气负离子等要求,其核心目标是保证空气洁净度。处理的空气有时是回风,有时是全新风,也可以是新风和回风的混合气体。

中央空调系统、新风系统和空气净化系统的共同特点[47]如下。

(1)提升生活舒适度。中央空调利用制冷和制热,使人体处在舒适的温度下,新风系统和空气净化系统则可以保持室内空气的新鲜度和洁净度。

(2)提高呼吸健康指数。三者配合能提高呼吸健康指数。为防止室内缺氧、二氧化碳浓度太高,开空调后往往要开窗通风,防止空气不流通引发的呼吸道疾病,而且空调内藏匿的病菌也会引发空调病。而配合新风系统、空气净化系统,则可以在很大程度上消除这些隐患。

目前市场上还未出现完美整合这三大系统的家用设备。虽然市面上已经销售一些自带新风系统的中央空调,但一旦室内室外的压强达到平衡,或者室内高于室外时,这类中央空调新风的功能就失效了,新风量难以控制,室内外换气率较低(一般低于 20%),远远不能满足用户对新风的需求。因此,这类中央空调是无法取代专业新风系统的。对于一些特殊场合,如医院手术室、物化科研室、工业洁净室、基因工程、生物安全防护动物实验室等,三者是缺一不可的。

综上所述，中央空调系统、新风系统、空气净化系统都是提高室内空气质量的系统，三者虽不能相互取代，但是可以按需进行联用，营造出符合需求的室内环境。

1.2.3　通风管道污染

1. 通风管道污染来源

现代社会，高层写字楼、大型购物中心、宾馆酒店、体育馆、活动中心等公共场所，实验室、分析中心等科研院所，制造业、加工业等企业生产车间，航空业、潜艇等军事场合中通常都有通风工程与空调工程，通风系统为人类的生活、学习、生产提供了巨大的便利性和舒适性。

改革开放以来，制造业和工业发展快速，然而人类活动也产生了大量的污染物，这些污染物与自然过程（包括火山活动、山林火灾、海啸、土壤岩石风化等）产生的污染物一起进入大气环境，当超过大气环境自净能力时就会造成大气污染。大气污染的主要特点是污染物流动性大、扩散性强且具有不可见性。近年来，我国冬季频发的雾霾灾害引起了专家学者和百姓的普遍关注。

民用建筑室内通风系统和空调系统通风管道内的污染物来源可分为内部来源和外部来源。其中，内部来源主要是指通风管道在加工制造时所用材料所释放的悬浮颗粒物和气体污染物，以及长期使用而滋生的细菌、真菌等微生物；而外部来源又可细分为室内来源和室外来源。室外来源主要是室外空气污染，室内来源则主要来自室内装饰、装修材料所释放的空气污染物，以及室内施工灰尘和垃圾。这些内部和外部污染物在通过通风管道时，能被通风管道部分截留，从而造成通风管道大面积污染，如图 1-6 所示。一旦通风系统开始运行，这

图 1-6　通风管道清洁前后对比[48]

些积累的灰尘、微生物、气体污染物便随着空气的输送而传到室内，影响室内人员的身心健康和设备的安全运行。

2. 通风管道污染物种类

通风系统中，通风管道内的污染物按种类可以划分为三大类：颗粒物污染物、微生物污染物及气态污染物（包括异味和有害气体）。

1）颗粒物污染物

随着我国室外颗粒物浓度的升高，室外颗粒物通过建筑通风管道系统进入室内，已成为室内颗粒物浓度升高的主要原因，对居民身体健康带来严重威胁[49]。颗粒物污染物虽然能够在空气滤网的作用下被拦截很大一部分，但是仍有少数颗粒物可以沉积在通风管道中。这些颗粒物既可能来自室外新风，也可能来自室内污浊空气，按形成条件可分为一次颗粒物和二次颗粒物。一次颗粒物是由直接污染源释放的颗粒物，室外颗粒物包括土壤粒子、海盐粒子、燃烧烟尘等，室内颗粒物包括二手烟烟雾、烹饪油烟烟雾、动物皮毛、家用化学用品重金属微粒、办公室墨粉、生产车间释放的颗粒物等。二次颗粒物主要来自室外，指的是由大气中某些污染气体组分（如 SO_2、NO_x、碳氢化合物等）之间，或这些组分与大气中的某些组分（如 O_2、O_3）之间通过光化学氧化反应、催化氧化反应或其他化学反应转化生成的颗粒物，如 NO_x 转化生成硝酸盐。

2）微生物污染物

微生物污染是空调通风系统中普遍存在的一种问题。通风管道中的适宜温度和聚集的尘埃为微生物提供了一个良好的生存环境。国际标准化组织 ISO 公布的《建筑环境设计—室内空气质量—人居环境室内空气质量的表述方法》（Building environment design—indoor air quality—methods of expressing the quality of indoor air for human occupancy）（ISO/DIS 16814）中将微生物污染物划分为两大类：活性粒子微生物污染物（viable particle microbial pollutants）和非活性生物性污染物（non-viable biological pollutants）[50]。活性粒子微生物污染物包括病毒、细菌和真菌孢子等；非活性生物性污染物包括螨、真菌与其代谢产物[51]。

3）气态污染物

空调通风管道内的气态污染物主要来自室内、室外环境，某些制作材料或加固材料本身释放的异味和有毒有害气体，如甲醛、氨气、一氧化碳、臭氧、二氧化碳、苯系物等一些挥发性有机物。当然，管道内微生物的生长繁殖也是管道内气态污染物的一大主要来源，因为微生物除了自身产生的污染性之外，在其新陈代谢过程中还能够产生一些生物性的可挥发性有机化合物（microbial volatile organic compounds，MVOCs）。

1.2.4　通风管道净化重要性

1. 案例导引

2003 年上半年，我国北京、广东、江苏、河北、内蒙古、山西、香港等地暴发了大规模的"非典"（severe acute respiratory syndrome，严重急性呼吸综合征，SARS）疫情，给全国经济和社会生活带来了巨大的损失，也造成了深刻的影响[52]。SARS 的致病源是一种新型冠状病毒，直径极小，可以附着在尘埃颗粒上以气溶胶的形式进行传播蔓延，空气是"非典"病毒传播的主要媒介。

在 SARS 流行期间，公众被告知最有效的防范措施之一就是开窗换气，加强通风，并尽可能做到直流通风，而为营造舒适性热湿环境的以循环风为主的集中空调则应关闭或要求"尽可能不使用"。尽管"非典"的暴发和传播并不能将责任全部归咎到空调通风系统上去，但 SARS 的传播和蔓延让大众百姓开始真正反思通风空调系统的一些弊端[53]。

（1）某些建筑设计时虽然考虑了补充新风或配备了独立新风系统，但一旦室内排风受阻或新风管道不畅，新风量将大大减少。

（2）全空气系统服务于不同的空调单元时，局部产生的烟尘、臭味、VOCs、病菌等，通过混合回风又送到其他相关区域，使这些区域受到污染而导致交叉感染。

（3）通风管道、冷却盘管、新风口、排风口等部位成为细菌、真菌等滋生的温床，严重危害空气质量安全。

2. 通风管道污染情况

SARS 肆虐过后，我国高度重视预防通过集中空调传播呼吸道传染病，笔者摘取了有关研究学者的调查报告，从中可以看到我国空调通风系统中通风管道内污染的一些状况和亟须解决的问题。

2003 年 10 月，大连市疾病预防控制中心的洪雅洁等[54]在大连市区内随机抽取了 10 家宾馆饭店、10 家商场超市，对这 20 家公共场所空调通风系统中的通风管道内积尘量、积尘中细菌总数和真菌总数进行了监测调查。调查结果发现，宾馆饭店和商场超市中通风管道内积尘量均值分别为 22.9 g/m³ 和 19.1 g/m³。积尘中细菌总数均值和真菌总数均值分别为 1.2×10^5 cfu/g 和 1.5×10^5 cfu/g。在这些被检测的 20 家公共场所中，中等程度污染占比高达 75%，显示集中空调通风系统管道污染程度较重。

2005 年，浙江大学医学院劳动卫生与环境卫生研究所和杭州市疾病预防控制中心的研究人员对杭州市公共场所集中式空调通风管道内的污染状况进行了相关调查[54]。他们调研了 2 家大型宾馆、3 家商场超市、2 家医院的送风主管道和送风口,对通风管道积尘量、积尘中细菌总数、真菌总数、溶血性链球菌等进行了检测。检测结果发现,各类场所的空调通风系统管道积尘量严重超标,空调通风系统主管道积尘量合格率仅为三四成。某家大型宾馆积尘中含有建筑垃圾,其积尘量最高达到了 167 g/m²,各类场所积尘中细菌总数、真菌总数的总合格率仅为 23.7%、29.0%。

2006～2007 年,天津医科大学侯长春[55]调查了天津市 17 家宾馆后发现,天津市公共场所集中空调通风系统污染严重,总体合格率较低的指标:通风管道内积尘量合格率仅为 27%、送风中细菌总数合格率也仅为 39.4%,其中五星级宾馆通风管道内积尘量合格率仅为 14.3%。并且所调查的公共场所集中空调通风系统均从未进行清洗消毒。同时,他还对 5 家清洗消毒的公共场所进行了评价。结果发现,风管清洗可大幅度降低积尘,积尘中细菌总数、真菌总数,送风中细菌总数、真菌总数等多项污染指标。

2008～2011 年,广州市疾病预防控制中心的刘慧等[56]为了解广州市公共场所集中空调通风系统微生物污染状况,对广州市市区 32 家公共场所(4 家办公楼、10 家宾馆、5 家餐厅、4 家交通工具、5 家商场/展馆、4 家医院)集中空调通风系统进行了微生物指标检测。检测结果表明,32 家公共场所中集中空调微生物指标全部合格的仅为 28.13%(9/32);检测的 45 套集中空调通风系统中只有 20 套微生物指标全部合格,占 44.44%。32 家的集中空调中,送风细菌总数合格率为 34.48%,送风真菌总数合格率为 90.63%,风管内表面细菌总数合格率为 90.63%,风管内表面真菌总数合格率为 100%;送风中未检测出 β-溶血性链球菌。这些调查数据揭示了广州市这四个年度公共场所集中空调卫生状况合格率不高。

2012 年,深圳市南山区疾病预防控制中心的严燕等[57]为了解深圳市部分公共场所集中空调通风管道的污染状况,抽查了 11 家长期使用集中空调通风系统的公共场所,包括酒店、医院、办公楼。他们对通风管道内表面的积尘量、细菌总数、真菌总数及 β-溶血性链球菌进行了采样检测。抽检结果表明,各类公共场所的集中空调通风系统风管内表面微生物指标检测结果较好,细菌总数、真菌总数合格率均为 100%,未检出 β-溶血性链球菌。风管内表面的积尘量总体合格率为 69.9%,但其中医院的集中空调通风系统风管内表面积尘量检测结果较差,合格率仅为 43.5%,均值为 22.41 g/m²,超过了《公共场所集中空调通风系统卫生规范》(WS 394—2012)要求(风管内表面积尘量≤20 g/m²)。

2013 年 4～6 月,廊坊市卫生监督局及廊坊市产品质量监督局质检所的赵德顺等[58]为了解公共场所集中空调和多联分体空调、VRV(制冷剂容量可调)吸顶空调通风系统对空气运行参数是否符合国家卫生标准和要求,同时也为探索公共场所空调通风系统的卫生安全质量，从而有利于进一步加强对集中空调通风系统的卫生管理，收集并检测了廊坊市 81 家公共场所（超市 32 家、宾馆 12 家、书店图书馆 2 家、饭馆 20 家、足浴养生 2 家、KTV 歌厅 3 家、影剧院 2 家、游泳馆 1 家、洗浴 1 家、医院使用楼 6 栋）不同空调通风系统的表面细菌总数、真菌总数和 66 家公共场所集中空调通风管道的表面积尘。结果显示：81 家不同空调通风系统通风管道、风盘、表冷器的细菌总数、真菌总数、积尘多数超出国家卫生标准；表面细菌总数合格率为 88.75%，真菌总数合格率为 86.25%；66 家集中空调的表面积尘合格率仅为 78.78%。

　　2014～2016 年，苏州市姑苏区卫生监督所董桂杰等[59]随机选取了姑苏区公共场所 30 家（每年 10 家），委托同一家有资质的检测机构，对这 30 家公共场所集中空调通风系统的一些卫生指标进行了检测，其中包括：送风卫生指标的 PM_{10}、细菌总数、真菌总数和 β-溶血性链球菌；风管内表面卫生指标的积尘量、细菌总数、真菌总数；冷却水和冷凝水中的嗜肺军团菌。检测结果发现，2014～2016 年，送风卫生指标 PM_{10} 合格率为 100%，细菌总数、真菌总数、β-溶血性链球菌合格率分别为 54.0%、66.0%、64.0%；风管内表面的积尘量合格率均为 100%；细菌总数和真菌总数合格率均为 95.0%，调查结果揭示虽然苏州市姑苏区公共场所集中空调通风系统卫生质量逐年改善，但该区总体卫生状况一般，有些指标不合格率较高。

　　2016～2018 年，福州市疾病预防控制中心周权等[60]对福州市 134 家公共场所（包括住宿场所 62 家、商场 31 家、娱乐场所 24 家、电影院 9 家、洗浴 8 家）集中空调通风系统（共抽检 197 套）卫生指标进行了相关检测，旨在了解福州市公共场所集中空调通风系统卫生状况，为卫生评价提供依据。他们的检测结果显示，福州市公共场所集中空调通风系统合格率为 93.9%（185/197），送风中β-溶血性链球菌，冷却水、冷凝水中嗜肺军团菌的项目合格率均为 100%，风管内表面的细菌总数合格率最低（95.7%）。除此之外，他们还发现，风管内表面细菌总数、真菌总数和积尘量 3 个指标合格率相对较低，其中微生物指标比积尘量差。

　　通过上述的检测案例不难看出，空调通风系统风管内的污染情况是很严峻的，风管内表面的积尘量合格率普遍较低，甚至集中空调通风管道即使清洗过也不一定完全符合卫生标准，原因在于集中空调通风系统管道长期使用后并未得到及时有效清理，甚至在一些新建建筑的空调通风管道内发现了大量残留的装修垃圾。目前世界范围内大多数发达国家都制定了中央空调通风管道卫生标准，我国卫生部也在 2012 年发布了《公共场所集中空调通风系统卫生规范》（WS 394—2012），标准中规定了集中空调通风系统的送风质量和风管内表面卫生指标。同年也发布了《公共场所集中空调通风系统清洗消毒规范》（WS/T 396—2012）。在该行业标准中规定了集中空调通风系统各主要设备、部件的清洗与消毒方法、清洗过程及专业清洗机构、专用清洗消毒设备的技术要求和专用清洗消毒设备的检验方法。

3. 通风管道净化的意义

空调通风系统的通风管道净化，一般指的是清洗冷暖通风系统、新风系统和空气净化系统的各个风管部件，主要包括送风管、回风管和新风管，也包括室内送回风口、热交换器、风扇电机等。只有定期清洁风管，才能达到风管内不积尘、不散发异味，也才能将细菌、真菌等微生物滋生繁殖的温床铲除，最终达到送入室内清新、健康、安全、新鲜空气的目的，为人员和设备提供一个优良的生活、工作空间。

2015 年，清华大学进行了一场覆盖北京市 13 个区县 7703 个地理位置的室内 $PM_{2.5}$ 污染公益调研。调研报告显示，人均室内 $PM_{2.5}$ 吸入量是室外的 4 倍。而当外部空气质量较差、室内长期不开窗通风、人在室内活动多的时候，室内 1/3 的时间处于"轻度污染"状态[61]。

美国环境保护局（EPA）和丹麦技术大学分别在美国和欧洲的调查结果显示，室内空气污染来自空调通风系统的占比在 42%～53%[62]。

然而，在短期内有效降低室外大气颗粒物浓度并不现实，降低室内颗粒物浓度才是有效减少人员、设备颗粒物暴露量的重要方法。EPA 实验室曾对颗粒物的清洁效果进行了实验验证，结果显示，滤网拦截的方式对粒径越大的颗粒物效果越好；传统的滤网拦截的净化方式对 $PM_{2.5}$ 没有针对性，效果不理想，但负离子等中和沉降的方式对粒径越小的颗粒物效果越好。有研究表明，室外大气污染对室内 $PM_{2.5}$ 和 PM_{10} 的贡献分别高达 63%[63]和 70%[64]。现代人类 70%～90%的时间处于室内，室内空气质量可以在通风系统的帮助下得到一定程度的改善。

另外，微生物污染物不仅能在空调系统的冷凝器和冷却塔里大量繁殖，而且也能够在通风管道内部长期生存下去，除了自身污染，还能散发生物性的可挥发性有机化合物，这些污染物会随着气流进入室内引起人员咳嗽、打喷嚏，诱发呼吸道疾病等问题，甚至造成严重的生物性污染事件[65]。

通风管道污染现状已经不容忽视，对通风管道的净化也需要人们加强环保和安全意识，从而为人类自身和设备的安稳运行提供一个先决条件。通风管道净化能够实现对污染源的有效控制和消除，改善空气质量，降低室内污染对人类疾病的诱发率。世界卫生组织（WHO）曾发布过报告，证实人类大约 68%的疾病与室内空气污染有关，而且与空气质量相关的病症发生率，空调通风系统也比自然通风系统增加了 30%～200%[66]。

1.3　本章小结

　　由于能够为人们日常工作、生活及企业生产等提供恒温、恒湿、洁净、健康的生活、生产空气环境，中央空调系统、新风系统、空气净化系统已经被现代城市建筑广泛使用，这三大系统将新鲜、安全、卫生的空气输送至室内的主要途径便是通过通风管道，其作用是让室内外空气形成流通，从而得到良好的通风。但这三大系统由于长期运行，有的甚至不允许间断运行，久而久之，通风管道中就会累积越来越多的颗粒物、气态化合物及微生物污染，随着这三大系统的启动运行，这些污染物伴着空气传输到室内，危害人体健康，甚至诱发各种身体疾病。

　　本章在介绍中央空调系统、新风系统和空气净化系统的基础上，详细阐述了通风管道内的污染及净化内容。本章首先概述了通风管道的含义和作用，通风管道的种类和特点，以及不同的风管材质和安装特点。此外，揭示了通风管道中存在的三大污染：颗粒物污染、微生物污染及气态化合物污染。众多病理学研究和报告都证实了这些污染物如果得不到及时清理和消毒，会对人体和设备产生巨大的危害。从 2003 年"非典"疫情暴发以来，国家相关单位和企业、百姓对通风管道的污染的严重性和管道清洁重要性有了深刻的认识。但从一些针对集中通风管道内的污染状况进行的调查报告中看出，通风管道的污染现状仍然较为严峻，因此通风管道污染问题必须引起全社会的关注，同时有关部门也要广泛宣传，提高民众对通风管道污染问题的认识，督促相关单位积极开展通风管道污染治理工作。

参 考 文 献

[1]　中华人民共和国住房和城乡建设部. 通风管道技术规程（JGJ/T 141—2017）[S]. 北京：中国建筑工业出版社，2017.

[2]　肖传卿. 常用通风管道的种类及性能评价[J]. 林业科技情报，2003，35（4）：39，43.

[3]　慧聪空调制冷网. 商用空调市场前景广阔 格力抢占先机[N/OL]. http://www.ktzbw.com/news/detail/12972.html[2019-08-29].

[4]　张思忠. 建筑设备[M]. 郑州：黄河水利出版社，2011.

[5]　刘绍军. 浅谈建筑节能在我国的发展现状及前景分析[J]. 山西建筑，2010，36：226-227.

[6]　何东阳. 被动式超低能耗建筑户式全热新风系统的应用研究与进展[C]. 第十六届沈阳科学学术年会，沈阳，2019.

[7]　欧进. 智能建筑机电设备节能技术探讨[J]. 技术与市场，2019，26（9）：154.

[8]　史蔚然，朱智勇. 我国绿色建筑设计的特点和必要性[J]. 建筑与文化，2019（9）：138-139.

[9]　刘伟，于震，龚红卫. 建筑气密性对近零能耗居住建筑新风系统能耗的影响[J]. 建筑科学，2019，35（6）：66-72.

[10]　潘革平. 布鲁塞尔——低能耗建筑的先锋[J]. 中国建筑金属结构，2019（5）：23-24.

[11] 广东松下环境系统有限公司. 松下家用新风系统介绍——LD3C 系列全热交换器[J]. 暖通空调, 2011 (8): I0022-I0023.

[12] 阮景, 许先锋, 孙永庆. 房屋建筑学[M]. 北京: 北京理工大学出版社, 2016.

[13] 吴荣华, 刘志斌, 马广兴, 等. 热泵供热供冷工程[M]. 青岛: 中国海洋大学出版社, 2016.

[14] 舒适 100 网. 央视都在讲的新风系统应该怎么选? 壁挂式还是管道式新风好? [EB/OL]. https://baijiahao.baidu. com/s? id = 1611185363086350061&wfr = spider&for = pc[2019-09-01].

[15] 桐乡市灵创暖通设备有限公司, 嘉兴禾创制冷设备有限公司. 你家的"新风"吹对了吗? [EB/OL]. http://www. lcnt573.com/detail.asp? keyno = 356[2019-09-02].

[16] 众城装饰. 新风系统——抵御雾霾的利器(五)双向流新风系统[EB/OL]. http://www.lzzczs.com/zxkt/20160304/ index.htm[2019-09-02].

[17] 复旦医院后勤管理研究院. 医院后勤院长实用操作手册[M]. 上海: 复旦大学出版社, 2014.

[18] International Organization for Standardization (ISO). Cleanrooms and associated controlled environments—Part 1: Classification of air cleanliness by particle concentration (ISO 14644-1: 2015 (E)) [S]. Switzerland, 2015.

[19] 纪元, 朱波. 一般生物洁净室空气洁净度的检测[J]. 中国药业, 2006 (5): 37-38.

[20] Glasel J. What the Cleaning Industry Can Learn from Cleanrooms[EB/OL]. The Cleaning Industry Research Institute, https://www.ciriscience.org/a_297-What-the-Cleaning-Industry-Can-Learn-from-Cleanrooms[2019-09-05].

[21] International Organization for Standardization (ISO). Cleanrooms and associated controlled environments—Part 1: Classification of air cleanliness (ISO 14644-1: 1999) [S]. Switzerland, 1999.

[22] 杨耀之, 孙秀伟. 室内环境与设备[M]. 2 版. 北京: 北京理工大学出版社, 2016.

[23] 徐玉党. 室内污染控制与洁净技术[M]. 重庆: 重庆大学出版社, 2014.

[24] 中华人民共和国住房和城乡建设部, 中华人民共和国国家质量监督检验检疫总局. 洁净厂房设计规范 (GB 50073—2013) [S]. 北京: 中国计划出版社, 2013.

[25] 中国财经观察网. 提升洁净生产环境, AAF 为中国"芯"护航[EB/OL]. https://www.xsgou.com/biz/finance/ 131352.html[2019-09-08].

[26] Semiconductor Industry Association. 2015 International Technology Roadmap for Semiconductors: Yield Enhancement[R]. Washington, 2015.

[27] International Organization for Standardization (ISO). Cleanrooms and associated controlled environments—Part 8: Classification of air cleanliness by chemical concentration (ACC) (ISO 14644-8: 2013) [S]. Switzerland, 2013.

[28] Semiconductor Equipment and Materials International. Classification of airborne molecular contaminants levels in clean environments (SEMI F21-1102) [S]. 2001.

[29] 张金和, 田会杰. 建筑工程实用技术问答: 水暖·空调·制冷设备安装与调试技术问答[M]. 北京: 中国电力出版社, 2004.

[30] 张炯, 何毅, 番成有, 等. 共板法兰风管应用于消防排烟系统的探讨[J]. 安装, 2019, 321 (4): 57-60.

[31] 李忠明. 厦门世贸中心大厦通风空调工程共板法兰风管推广应用[M]//號明跃. 中国建筑第四工程局科学技术与施工管理论文集. 贵阳: 贵州人民出版社, 2006.

[32] 孙利敏. 复合玻纤板风管在工程中的应用[J]. 电子制作, 2014 (3): 217.

[33] 李岩. 纤维织物空气分布系统在空调系统中的应用[J]. 冶金与材料, 2019, 39 (4): 85, 87.

[34] 毛津淑, 常津, 陈贻瑞, 等. 酚醛泡沫塑料综述[J]. 化学工业与工程, 1998, 15 (3): 38-43.

[35] 谢建军. 浅谈酚醛泡沫材料在中央空调风管中的应用[J]. 洁净与空调技术, 2004 (4): 39-43.

[36] 杨莉莉. 浅谈玻璃纤维复合风管的应用与施工工艺[J]. 山西建筑, 2009, 35 (2): 173-174.

[37] 杨春玲. 铝箔玻璃纤维复合风管道的适用性探讨[J]. 内蒙古科技与经济, 2013 (10): 83-84.

[38] 中华人民共和国住房和城乡建设部. 机制玻镁复合板与风管（JG/T 301—2011）[S]. 北京：中国标准出版社，2011.

[39] 陈魁. 机制玻镁复合风管返卤吸潮的预防与处理分析[J]. 工程技术研究，2017（3）：135-136.

[40] 李向军，许颖杰. 议玻镁复合风管在公共通风系统中的应用[J]. 工程建设与设计，2018（s1）：85-87.

[41] 中国菱镁行业协会. 镁质胶凝材料及制品技术[M]. 北京：中国建材工业出版社，2016.

[42] 中华人民共和国国家统计局. 国家数据[EB/OL]. http://data.stats.gov.cn/search.htm？s = %E7%A9%BA%E8%B0%83[2019-09-09].

[43] 刘箭箭，潘力群，陈世杰. 用于新风系统的通风管道[P]. 中国专利：CN205403082U，2016-07-27.

[44] 张思忠. 建筑设备（全国高职高专建筑工程技术专业规划教材）[M]. 郑州：黄河水利出版社，2011.

[45] 魏先勋. 环境工程设计手册[M]. 长沙：湖南科学技术出版社，2002.

[46] 《通风空调工程造价编制 800 问》编写组. 通风空调工程造价编制 800 问[M]. 北京：中国建材工业出版社，2012.

[47] 徐雅静. 中央空调和新风系统的联系和区别[J]. 大众用电，2017（8）：46.

[48] Best Air Duct Cleaning. Photos for best air duct cleaning[EB/OL]. https://www.yelp.com/biz_photos/best-air-duct-cleaning-novato？start = 30[2019-09-09].

[49] 居剑亮，曹为学. 风管内 PM$_{2.5}$ 颗粒—空气两相流输运和沉积特性研究[J]. 洁净与空调技术，2017（1）：57-61.

[50] International Organization for Standardization（ISO）. Building environment design—indoor air quality—methods of expressing the quality of indoor air for human occupancy（ISO/DIS 16814）[S]. Geneva，2005.

[51] 沈晋明，俞卫刚. 标准 ISO/DIS 16814《建筑环境设计—室内空气质量—人居环境室内空气质量的表述方法》简介[EB/OL]. http://www.51hvac.com/old2008/lw/UploadFiles_4170/200711/20071117093820816.pdf[2020-04-16].

[52] 汪妍，王金敖，李延平. 江苏省公共场所集中空调通风系统卫生状况及监管对策研究[J]. 中国卫生监督杂志，2011，18（3）：262-265.

[53] 吕伟，邬守春. 通风空调系统的"是"与"非"——从"非典"蔓延引出的话题[C]. 第十二届全国暖通空调技术信息网大会，杭州，2003.

[54] 洪雅洁，张淑云，关磊，等. 大连市公共场所集中空调通风系统管道污染状况调查[J]. 现代医药卫生，2004，20（13）：1309-1310.

[55] 侯长春. 集中空调通风系统污染现状调查及清洗消毒效果评价[D]. 天津：天津医科大学，2008.

[56] 刘慧，石同幸，冯文如，等. 2008～2011 年广州市公共场所集中空调通风系统微生物污染状况调查[J]. 2013，19（2）：103-105.

[57] 严燕，林阮群，刘可，等. 深圳市集中空调通风管道污染状况调查[J]. 中国热带医学，2012，12（4）：509-510.

[58] 赵德顺，席映辉，张伟奇，等. 廊坊市公共场所集中空调通风系统卫生安全调查研究[J]. 中国卫生监督杂志，2014，21（2）：141-146.

[59] 董桂杰，倪锦标，李宏明，等. 2014—2016 年苏州市姑苏区公共场所集中空调通风系统卫生状况[J]. 江苏预防医学，2018，29（3）：339-340.

[60] 周权，林馨，张昊. 福州市 2016—2018 年公共场所集中空调通风系统卫生状况调查[J]. 海峡预防医学杂志，2019，25（2）：80-81.

[61] 马海燕. 清华大学发布首个室内 PM$_{2.5}$ 污染大数据调研报告[N/OL]. https://www.tsinghua.edu.cn/publish/thunews/9664/2015/20150423181521420459488/20150423181521420459488_.html[2019-09-20].

[62] 祝学礼，刘颖，尚琪，等. 空调对室内环境质量与健康的影响[J]. 卫生研究，2001，30（1）：62-63.

[63] Cattaneo A，Peruzzo C，Garramone G，et al. Airborne particulate matter and gaseous air pollutants in residential

structures in Lodi province，Italy[J]. Indoor Air，2011，21（6）：489-500.

[64] Özkaynak H，Xue J，Spengler J，et al. Personal exposure to airborne particles and metals：Results from the Particle TEAM study in Riverside，California[J]. Journal of Exposure Analysis and Environmental Epidemiology，1996，6（1）：57-78.

[65] 崔国权，杨超. 新编卫生应急事件预防控制技术[M]. 长春：吉林人民出版社，2009.

[66] 陈凤娜，赵彬，杨旭东. 公共场所空调通风系统微生物污染调查分析及综述[J]. 暖通空调，2009，39（2）：50-56，115.

第 2 章　通风管道净化现状与标准

通风管道被广泛地应用在生活的方方面面，其中风管内的污染严重危害了人们的身心健康，因此通风管道的净化技术也逐渐成为人们研究的热点问题。本章首先分别从集中空调、新风系统、净化系统三类主要的通风管道进行介绍，主要阐述了管道污染的原因、危害及净化现状；然后介绍室内空气质量的定义，并概述了国内外室内空气标准和法规；最后系统地阐述国内外通风管道净化的主要标准和法规，并提出对国内通风管道清洗行业发展的建议。

2.1　集中空调通风管道净化现状

2.1.1　背景介绍

近年来，我国国民经济呈现出飞速发展的趋势，伴随着人们生活水平的不断提高，集中空调通风系统在居民住宅及公共建筑中的应用也日益广泛[1]。集中空调不仅能够调节特定场所空气的温度、湿度，还能引入一定量的新风以保证空气品质，从而改善人们的生活、工作环境，提高劳动效率和生活质量。然而，如果集中空调管理不当，或者回风、新风挟带的各种污染物（如灰尘、细菌、病毒等）不能被过滤器完全截留而进入系统内未被及时清洗，且由于空调场所的密闭性较好，污染物不能及时排除，这时空调系统反而成为传播病毒和扩散污染的媒介，使室内空气受到污染，严重影响人们的健康[2]。

调查显示，有 40%～53%的室内空气污染是由风管内的污染物引起的[3]。空调通风系统内的污染引起的疾病大致可分为三类：传染性疾病，如军团菌、SARS等；过敏性疾病，如过敏性鼻炎、肺泡炎等；不良建筑综合征等[4]。1976 年美国费城的军团菌病暴发后，人们对空调系统的污染和室内空气质量更加关注，2003 年 SARS 暴发以来，国内现有中央空调通风系统的污染问题逐渐暴露，使人们把更多的关注放在控制污染源的问题上，实际调研中也发现现有的空调通风系统普遍存在风管内积灰严重、积尘中细菌总数严重超标问题[5]，以及新风量不足，过滤器、表冷（加热）器积灰，凝水盘积水，送回风口表面有黑渍和积灰等问题。风管清洗作为控制污染源的手段之一，无论从保护公众身体健康的角度，还是从长远的经济效益看，都是需要重点研究的问题，通风管道净化

作为系统维护的一个重要工作，关系到公众身体健康和疾病的预防与控制，是
不可忽视的[6]。

1. 空调通风管道污染的原因

1）室内污染

室内气态污染物主要是由室内装饰材料引起的，如油漆、人造复合板材、泡
沫填料、内墙涂料、有机化学合成材料等，还有来自建筑主体材料，如水泥、沙
石、矿渣等。气态污染物与空气中的灰尘等颗粒物混合后沉积在通风管道中，成
为细菌、真菌等生长繁殖的场所，形成通风管道污染。

2）室外污染

室外大气中的微生物、粉尘，汽车排放尾气，工业排放废气中的 NO_x、CO_2、
SO_2、烟雾及可吸入颗粒物等污染物，进入空调新风管道，造成通风管道的污染[7]。

3）加湿器

加湿器是用来增加空气湿度的装置。加湿器中的水为细菌、病毒等微生物繁
殖提供了有利的条件，导致通风管道中的污染物数量明显增加。

4）过滤网的过滤效率低下

目前大多数中央空调普遍使用粗效过滤器，最多只能过滤空气中 40%的可吸
入颗粒物，一半以上的可吸入颗粒物会进入中央空调系统。一方面，这些可吸入
颗粒物有可能成为病毒、细菌等微生物的载体，使这些微生物在通风管道内流动
传播，产生交叉感染。另一方面，颗粒小的可吸入颗粒物相互连接为大灰尘，积
累在风管系统的底部和拐角，为微生物的生长繁殖提供了良好的环境条件[8]。

2. 空调管道不及时清洗的危害

1）滋生细菌，传染疾病

目前，建筑物中中央空调的使用日渐普遍，然而，许多中央空调却长期不清
洗，这就为各种病菌提供了滋生的条件。

中央空调依靠通风管道和出风口将处理后的空气送入房间，如果室外空气中
各类悬浮颗粒物不能完全被空调过滤装置所阻隔，微细灰尘就会黏附在通风管道
内壁上，而且大多数通风管道尺寸较小，日积月累便形成大量积尘，而积尘极易
滋生各类有害微生物，如病毒、细菌、内霉素、真菌、军团菌等。

2）风阻增大，增加能源消耗

空气在通风管道内流动时，黏附物和气流的相对运动产生内摩擦，因此空气
在通风管道内运动过程中，就要克服这种阻力而消耗能量。随着时间的推移和设
备使用的年限增加，通风管道内会积聚大量灰尘，破坏了管道内壁与流体之间形
成的边界层，即破坏了流体在风道内的层流状态而形成了紊流状态，增加了内摩

擦力，使气流运动受阻，风机的负荷加大，机组的使用效率下降，使设备使用寿命降低，增加能源的消耗[9]。

3）空气置换效果较差

中央空调使用环境大多数为封闭、半封闭空间，室内空气循环利用，空气的清洁度依靠空调本身的过滤和定时输送适量新风来维持，因此当通风管道受污染后，其中的颗粒物、微生物、气态污染物等随着回风或新风进入室内，反而会加重室内空气污染程度，导致空气置换效果较差。

3. 空调管道清洗的好处

1）改善环境

写字楼、宾馆、酒店里工作的职工或者旅客在清洁干净的环境工作或者休息，保持舒适的工作生活环境，提高生活品质，并且会大大降低发病率。

2）降低能源消耗

经过清理后的洁净的通风系统使机组运转正常，风阻下降，能源消耗降低，也使制冷效率增加。

3）延长设备的使用寿命

洁净的通风系统使机组运转正常，风阻下降，设备负荷降低，定期的清洗和保养使滤网常处于良好的过滤状态，也使通风管道能够得到及时的维修和保养，对延长设备使用寿命具有重要意义。

2.1.2　国内空调通风管道净化

在 2003 年"非典"疫情暴发之前，百姓健康意识和国家重视程度相对较低，无论是企业、研究单位，还是消费者更多关注的是空调的节能性和舒适性，而往往忽略了空调本身的卫生情况。直到 2003 年"非典"疫情大暴发，事后证明虽然公共场所集中空调管道并不是 SARS 病毒传播的唯一途径，但不可否认的是空调通风管道为 SARS 病毒提供了适宜的传播温床。那一场 SARS 危机给国家政府、企业和人民带来了很多关于"健康与发展"的思考。百姓的健康意识普遍得以提高，国家也组织各地疾病预防控制中心等相关健康与卫生单位对公共场所集中空调通风系统内的污染进行了调研，并出台相关国家标准、行业标准及法令法规，责令有关企业、单位做出相应整改。然而，通风管道清洗市场在我国许多地方几乎是一片空白。

"非典"疫情之后，国内建筑空调通风系统清洁行业逐步起步，国内专业空调清洗机构数量也有所增多，这些机构开始引进一些国外先进成熟的空调清洗技术。但清洗机构在对通风管道实际清洗时却发现，国外相关管道清洗技术和设备的净化效果并不好。具体表现在：第一，引进技术和设备的价格一般比较高昂，使很多空调清洗机构退而求其次地引进一些国外相对落后的技术或设备；第二，国外的这些技术或设备在当时不太适合国内通风管道清洗的行情，国外开发的这些技术或设备一般是按照国外集中空调圆形管道而设计开发的，即使是矩形管道，规格也比较统一，如此一来清洗设备也会按相对固定的规格进行研发，而我国的集中空调通风系统管道市场差异非常大，有些地区建筑为了增加层数，自然而然地压缩了层高和吊顶空间，所以扁圆管道比较常见，但仍会限制其高度。同时，国内管道在制作时不仅规格较多，而且还存在变径等情况，这些情况从源头处就限制了风管的后期清洗和消毒。甚至有的通风管道安装时根本不设检查口和清洗口，也为日后清洗和消毒工作增加了难度。

　　我国从 20 世纪 80 年代开始普遍使用中央空调。截至 2006 年，全国有 500 万个各类集中空调使用单位，且每年以 10%的速度增加[10]。统计资料表明，有 60%~70%的空调通风系统从建成至投入使用后，从未清洗过，20%~30%的空调通风系统做过清洗，真正进行彻底清洗的空调通风系统不足 10%[11]。

　　2004 年 2~4 月，卫生部组织开展全国公共场所集中空调通风系统卫生状况监督检查（共检查了 60 个城市的 937 家宾馆、商场和超市等），其中空调通风系统属严重污染的有 441 家，占抽检总数的 47.1%；中等污染的 438 家，占 46.7%；合格的 58 家，仅占 6.2%。每平方米风管内积尘量达 20 g 以上的占 90%；达 50 g 以上的占 57%；最高积尘量达 486 g；每克积尘中细菌总数 10 万个以上的占 80%，最高达 277 万个；每克积尘中真菌总数 10 万个以上的占 73%，真菌总数最高达到 480 万个。南、北方地区公共场所集中空调通风系统的污染程度和污染物无明显差别，南方地区的污染程度平均略低于北方[12]。

　　2009~2015 年（2010 年除外），浙江省疾病预防控制中心对全省 11 个地市及义乌市的 196 家公共场所集中空调通风系统进行卫生指标检测，检测指标：送风中细菌总数、送风中真菌总数、送风中 β-溶血性链球菌、送风中 PM_{10}、新风量、风管内表面积尘量、风管内表面细菌总数、风管内表面真菌、冷却水中军团菌、冷凝水中军团菌。检查结果：送风中 PM_{10} 合格率逐年增高，从 2009 年合格率为 64.44%增加到 2015 年合格率为 95.72%，送风中真菌总数的合格率逐年下降，从 2009 年的 76.67%降到 2015 年的 69.52%，送风中 β-溶血性链球菌在 2012 年和 2014 年合格率分别为 98.47%和 99.44%，其余年份均未检出。其中风管内表面积尘量合格率从 2009 年的 75.53%上升到 2015 年的 96.79%，风管内表面真菌总数合格率从 2009 年的 70.76%上升到 2015 年的 88.24%[13]。结果表明，送风中 PM_{10}、风管内表面积尘量、风管内表面真菌总数合格率等指标逐年增高，其中送风中微生物合格率相对风管内表面偏低，原因是目前风管内表面细菌总数的检测采样是从风口处可以触及的部位，而这个部位往往是日常可以清洗到的部位，这样就造成风管内表面的检测指标合格率偏高，建议风管内表面检测指标采样点分布要有代表性，或用定量采样机器人采样，保证检测数据的准确性。检查结果发现集中空调通风系统污染情况有所改善，但各场所仍要加强空调系统的日常卫生管理和清洗工作，配合卫生检测人员定期对空调系统的检测，保证空调系统运行期间室内空气品质。

福建省疾病控制预防中心分别于 2005 年 9 月、2006 年 9 月两次对福州市部分公共场所（宾馆、商场、医院）集中空调通风系统的卫生状况进行抽样调查，用撞击法采集空气样品 247 份，检测细菌总数、真菌总数和 β-溶血性链球菌，结果发现：细菌总数合格率为 20.7%，真菌总数合格率为 44.9%，β-溶血性链球菌合格率为 98.4%，福州市公共场所集中空调通风系统微生物污染程度严重，必须加强卫生管理，采取清洁和消毒措施[14]。自 2011 年《公共场所卫生管理条例实施细则》实施以来，福州市卫生监督和疾控部门加大对集中空调通风系统的监督管理，每年均制定监督抽检计划，加强有关制度宣传培训力度。福建省疾病控制预防中心对福州市 2016～2018 年 134 家公共场所集中空调通风系统卫生指标进行检测。送风中 β-溶血性链球菌，冷却水、冷凝水中嗜肺军团菌的项目合格率均为 100%，风管内表面细菌总数合格率为 99.0%，风管内表面细菌总数合格率最低为 95.7%，不同类别场所合格率比较时，浴室在风管内表面 3 项指标中合格率均最低[15]。检查结果发现，运营者对集中空调的清洁和消毒意识有较大提升，多数场所除配备专人负责和制定相应卫生管理措施外，日常均委托专业清洗消毒机构，定期对空调系统的送回风管、新风管和冷却塔进行全面清洗消毒，因而公共场所集中空调卫生状况得到较大改善。但目前检测项目较少，未能全面对其进行系统评价，建议今后在坚持进行经常性卫生检测的同时，应增加评价指标，针对存在的污染特点，科学制定抽检方案，优化卫生学评价体系。

2011 年，天津市疾病预防控制中心联合天津医科大学采用分层随机抽样方法在天津市 17 个区县抽取 128 家公共场所，对风管内表面积尘量、风管内表面细菌总数、风管内表面真菌总数和冷却水嗜肺军团菌进行检测。结果表明：集中空调通风系统风管内表面积尘量合格率为 28.1%（36/128），风管内表面细菌总数合格率为 95.3%（122/128），风管内表面真菌总数合格率为 94.5%（121/128），冷却水中嗜肺军团菌合格率为 64.3%（74/115）。结果表明调查的集中空调通风系统风管内表面积尘量合格率较低，并受到清洗、空调机组类型和新风口位置等因素影响[16]。

2012 年 6～11 月，重庆市卫生局对重庆市部分区县使用集中空调通风系统的公共场所进行基线调查，检测指标包括风管内表面积尘量，细菌总数，真菌总数，冷却水、冷凝水中嗜肺军团菌等卫生指标。结果表明：366 家使用集中空调通风系统的公共场所，开展了卫生学评价的占 36.3%，制定了预防空气传播性疾病应急预案的占 65.6%。对抽取的 249 家公共场所的空调通风系统管道积尘量和微生物等指标进行综合评价，符合国家标准的占比为 70.7%，其中风管内表面卫生指标中积尘量合格率为 77.6%，细菌总数合格率为 81.1%，真菌总数合格率为 79.3%，冷却水中嗜肺军团菌检出率为 8.4%，冷凝水中嗜肺军团菌检出率为 1.2%[17]。

刘慧等[18]报道了广州市 2008～2011 年公共场所集中空调监测的微生物指标合格率仅为 28.13%，2012～2014 年，广州市疾病预防控制中心对 147 家公共场所的集中空调通风系统进行采样及检验[19]，检测项目包括集中空调送风中细菌总数和真菌总数、风管内表面的细菌总数和真菌总数、β-溶血性链球菌，冷却水和冷凝水中的嗜肺军团菌 6 个项目。结果 147 家被检单位的合格率为 55.8%（82/147），从检测的 6 类场所来看，商场的合格率最高，为 75.0%，而交通站台最低，为 38.7%。按检测项目来分析，采集的 2827 份检测样品中，483 份送风中和风管内表面的检测样品均未检出 β-溶血性链球菌。风管内表面的细菌总数和真菌总数合格率比较高，分别为 98.6%和 99.7%；而空调送风中细菌总数的检测合格率偏低，为 69.5%。嗜肺军团菌的合格率在各场所的呈现不均匀，商场和办公楼的合格率均＞90%，交通站台和娱乐场所却≤50%。此次调查结果显示，2012～2014 年广州市公共场所集中空调监测微生物指标的合格率在 51.9%～58.6%。

从以上我国各大城市近些年公共场所集中空调通风系统卫生调查结果可以看出，相对于 2004 年卫生部的调查结果，大部分指标的合格率呈上升趋势，我国对公共场所集中空调通风系统的卫生管理有明显成效，但是送风卫生指标合格率仍低于通风管道内表面卫生指标合格率，并且通风系统管道内表面积尘量合格率都普遍较低[20]。

污染物的积聚会阻碍管道内的空气流动，导致空气流动时需要耗费更多能量，这对于降低建筑维护成本来说有着极大的消极影响[21]。另外，污染物的积聚也会滋生细菌、真菌等微生物，这些微生物随空气流动进入室内，进而造成室内空气污染，危害人的身体健康。国内通风管道清洗业现在刚刚起步，会存在一些问题，需要社会各界去努力使其良好地发展下去。

2.1.3 国外空调通风管道净化

国外发达国家使用中央空调较早，对于室内空气污染对人体健康危害的认识也比较深刻。据美国环境保护机构统计，美国每年用于治疗不良建筑综合征的医药费，以及员工缺勤、产量降低、利润减少等造成的损失已超过 1000 亿美元。目前国外许多国家都规定，根据建筑通风空调系统使用场合不同，应经常对空调系统内部进行清洁性检查，根据检查结果决定建筑通风空调系统是否需要清洗。

在国外一些发达国家，空调风管的清洗业非常成熟，已经发展成为一个庞大的产业链，因此设备的研究和开发也相应比较成熟。

罗运有等[22]通过研究发现，机械清洗能有效清除黏附在风管表面的污染物，他们分别用不同的检测方法检测机械清洗前后风管内表面的积尘量，Ito 等[23]用擦拭法测得清洗前风管内表面积尘量是 $4\sim11$ mg/m^2，清洗后是 $1\sim2$ mg/m^2；Kulp 等[24]用 NADCA 吸尘测试法测得清洗前风管内表面积尘量是 $0.2\sim3.6$ mg/m^2，清洗后是 0.2 mg/m^2；Holopainen 等[25]用光透过法测得清洗前风管内表面积尘量是 $23\%\sim53\%$，清洗后是 $15\%\sim21\%$。

芬兰的 Holopainen 等[26]分别利用了机械清洗（滚刷法）和压缩空气清洗两种风管清洗方法对实验用人工积尘和室外自然积尘的风管的处理性能进行实验，并用这两种方法对芬兰五栋建筑物的风管进行了清洗，比较了这两种清洗方法在实际运用中的表现。实验结果表明，机械清洗和压缩空气清洗都能达到洁净要求，对于含有残留油污较多的风管，两种方法都较难清洗，清洗后表面有较明显的污点；在风管的拐弯处也较难清洗，压缩空气清洗耗时是机械清洗的 $1.6\sim4.7$ 倍；实验还发现清洗刷的材料和直径会影响清洗的结果，采用比风管直径大 100 mm，并在刷头加上一层纤维布的清洗刷能达到最好的清洗效果。

2.1.4　空调通风管道净化存在的问题

1. 人们对空调通风管道污染的认识有待提高

人们对通风管道污染的危害及通风管道净化重要性的认识还不够全面，认为日常对过滤器和风口的清洁、维护、保养已经实现了对通风系统的清洗，而且在清洁通风管道时考虑更多的是经济效益，而忽略了通风管道污染对人体健康与生活、生产环境的危害。许多人并不知道每天呼吸的空调送风是否符合要求，是否含有危害健康的成分。认识不足导致市场需求不足，从而极大地制约了通风管道净化业务的开展和相关设备、技术的发展。

2. 行政管理规范和市场规范制度有待完善

虽然我国已颁布了《空调通风系统清洗规范》（GB 19210—2003）、《室内空气质量标准》（GB/T 18883—2002）及《公共场所集中空调通风系统卫生规范》（WS 394—2012）等相关规范，但对于企业资质认定、技术人员等级鉴定、员工上岗证件、工程操作规程、相关工程检测及质量标准等环节都有待于细致明确的国家规范标准的出台。

3. 从业人员技术培训有待加强

通风管道净化是一个对专业技术要求较高的行业，不仅体现在施工检测设备上，其系统污染情况的检查方法、清洗施工工艺流程，清洗设备的选取使用等方面也需要专业的技能知识。当前通风管道清洁从业人员普遍缺乏专业、正规的技术培训，导致技术素质参差不齐，不能完全理解施工过程中污染源的安全去除、二次污染的控制及通风管道的洁净要求等内容，容易造成施工组织混乱，不按规范施工，清洗不达标，甚至因施工方法错误给管道设施带来不可恢复性损坏等问题。

4. 其他

与空调水系统清洗相比，通风系统清洗工作难度更大，通风管道净化必须进入用户使用区域，存在造成风险大、牵涉部门多、工作时间受限等问题。此外系统设计或施工时未考虑清洗的要求而没有留出必要的检修空间，这些都增加了通风管道清洁工程的工作量和难度[27]。

2.2　新风系统通风管道净化现状

2.2.1　背景介绍

1935 年 Alston Ceeyee 制造出了世界上第一台可以过滤空气污染的热交换设备，也称之为新风系统。新风系统是由送风系统和排风系统组成的一套独立空气处理系统，其工作原理是先将室内的污浊空气经热回收后排向室外，同时将室外的新鲜空气经过滤、除菌后再进入热回收器进行热交换，然后再送入室内。经过热交换后的新鲜（冷）空气的温度在不消耗任何其他辅助能源的情况下，可调节到接近室内的温度，即使长时间运作，室温也不会大幅度下降[28]。

新风系统是外循环系统，从室外引入新鲜空气，经过多层过滤送入室内，将室外有害的汽车尾气、$PM_{2.5}$、尘埃等有害物质统统过滤掉。24 小时不间断输送新鲜洁净空气的同时不断稀释室内污染物，如甲醛、TVOC 等，可以有效驱除油烟异味、CO_2、香烟味、细菌、病毒等各种不健康或有害物质，可使家人免受二手烟危害[29]。同时将室内潮湿污浊空气排出，根除异味，防止发霉和滋生细菌，有利于延长建筑及家具的使用寿命，使用新风系统可以有效改善室内空气质量。现如今，不少中央空调都有"新风模式"，但实际上一般的家用空调吹的风是来自室内原有的空气，从室内机上面的栅格进去，经过粗效过滤器后进入室内，这种模式其实不能叫作"新风模式"，只能叫作"空气循环模式"。也有部分空调会有管道连接到室外，引进少量的室外新风，但新风量往往达不到卫生标准规定的每人 30 m³/h 的要求。一些大型商场、办公楼、酒店等地方用的中央空调，会与单向流新风机结合在一起，在制冷的同时将外界空气送入室内。有的中央空调和新风机组有高效过滤功能，但普通家用空调的新风量很小。

新风系统和中央空调一起协调工作，不仅能保证室内温度达到设定的期望值，还能得到清爽、干净的空气。夏天温度较高的室外空气通过新风系统热交换，能够实现接近 80%的全热交换率，从而大大降低新风温度，进而使得室内中央空调不需要多耗能来降温[30]。

2.2.2 新风系统管道净化

新风系统的兴起最开始是在国外，在欧美发达国家非常受欢迎且具有很高的普及率，在西班牙、德国等国家的普及率高达 90%以上[31]。2003 年"非典"后，人们认识到了通风换气的重要性，开始引进新风系统，提高室内场所的空气质量。现如今，人们生活品质不断提高，对健康生活的要求逐步提高，空气作为我们赖以生存的物质也逐渐受到人们的关注，新风系统在人们家庭中也普及起来。

新风系统使用时间长了需要定期的维护和保养，新风管道中会有大量的灰尘聚集，如不及时进行清理，会造成室内空气的二次污染。采用中央管道的应该每年清洗一次，采用过滤式新风净化系统的过滤网应每半年更换一次，静电式新风净化系统每月应该清洗一次静电集尘器，一到两年更换一次过滤网[32]。

国内民用建筑中普遍存在新风系统过滤器不合格、效率偏低的问题，仅设置一级粗效过滤器，空气洁净度很难满足要求。目前市场上管道式新风系统多采用 G4 初效过滤网拦截室外灰尘，使用时间超过半年后，通常管道内会沉积灰尘；带 $PM_{2.5}$ 过滤能力的新风系统的沉积灰尘会少一些[33]，但仍需要定期清洗。随着新风系统使用时间的延长，通风管道内粉尘不断积聚，通风管道的密封性能降低，导致各出口气流不均匀，影响使用效果。从新风系统的风速变化可以有效预知一些通风管道问题，如风管积尘、管路密封性能下降等。当新风系统的管道密封性能降低时就会出现漏风现象，进而影响新风系统的正常使用，这时需要专业人员对通风管道进行检查并及时修复，以改善新风的运行[34]。

同济大学的刘艳敏和刘飞[35]在新风系统上配置了初效 G4 和高中效 F7 的空气过滤器，对上海和南京的典型新风机组的冬夏季新风系统的可吸入颗粒物浓度和粒径分别进行了测试与分析。新风从室外新风引入口、经过新风空调机组的空气过滤器 G4 和 F7、转轮全热交换器、表冷器、送风机、消声器、送风总管、送风干管、送风支管和送风口，直至进入室内，再通过厨房和卫生间的排风口排至全热回收机组，经过空气过滤器 G5 转轮全热交换器、排风机，直至排至室外。

实验结果表明，PM_{10} 和 $PM_{2.5}$ 等可吸入颗粒物浓度从新风机组的室外新风引入口进入新风机组后有所下降，而颗粒总数均有不同程度的提高（主要是大量粒径小于 1.0 μm 的颗粒物），这与新风过滤网（滤网对可吸入颗粒物无任何过滤效率）和防雨百叶严重积尘，以及新风机组吸入端的清洁保养不足有关。室外新风经过新风空调机组的空气过滤器 G4 和 F7 后，尽管 PM_{10} 和 $PM_{2.5}$ 等可吸入颗粒物浓度值有所下降，但在转轮全热交换器段、表冷器段的可吸入颗粒物颗粒数均有不同程度的升高，主要是大量粒径小于 1.0 μm 的颗粒物，这与转轮全热交换器和表冷器表面积尘有关，同时送风机和排风机的风压配置与调试不佳，使得转轮换热器段处的压力不合理，造成排风和新风互相渗透和交叉感染。

此外，实验还发现室外颗粒物浓度最高，室内颗粒物浓度大于送风口处颗粒物浓度，0.3～0.5 μm 粒径的颗粒物在尘埃中占主要成分（80% 以上），品质不佳的室外新风经过新风空调机组的空气过滤器 G4 和 F7 后，尘埃浓度有所下降，特别是粒径大于 1 μm 的颗粒物下降了 50%～80%，新风品质有所提高，但是室内送风口滤网效果不佳和清洁维护不到位，室内新风静压箱内被污染，导致室内送风口处小于 1 μm 的尘埃颗粒物浓度明显增高，使得送风稀释室内污染能力大大下降。

由于新风机组的室外新风引入口颗粒物总数进入新风机组后有所升高，考虑到我国室外空气污染严重，因此需要加强对新风引入口的防雨百叶进行定期清洗，并考虑增加可经常拆洗的金属过滤网，尽量减少污染，提高新风引入的空气品质。

室外新风经过新风空调机组的空气过滤器 G4 和 F7 后，在转轮全热交换器段、表冷器段的可吸入颗粒物颗粒数均有不同程度的升高，所以还需要对新风机组（包括初效过滤器、表冷器、转轮、冷凝盘、风机及消声段等）进行专业清洗，建立换热盘管及其冷凝盘的定期检查与清洗的日常保养制度。另外，要进一步加强空气过滤器的合理维护，结合全年大气环境品质变化规律，以过滤器性能变化为更换依据，替代以使用时间为更换依据的习惯，安装空气过滤器性能变化检测装置，确保新风空调机组无菌无尘运行。定期对转轮进行专业清洗和保养，并采用效率较高、运行及维护简便的双盘管[36]。

在做好上述新风口、全热转换器及表冷器段等部件的清理工作的同时，也要对新风系统通风管道进行定期清查与维护，具体如下。

新风引入口：保持清洁，周围无明显污染源，清洗频率为 1～3 次/月。

新风机组换热盘管：不得出现霉斑和明显积尘，检查周期为 3 个月。

新风机组冷凝水盘：无漏水腐蚀、结垢、积尘和霉斑，检查周期为 3～6 个月。

新风风管：管体保持完好无损，不得有凝结水产生；风管内部不得有垃圾、动物尸体及排泄物；检修口要能正常开启和使用，检查周期为 6 个月。

新风送风口：风口及周边区域不得出现积尘、潮湿、霉斑或滴水现象，保持周边区域清洁，检查周期为 6 个月。

2.3 净化系统通风管道净化现状

2.3.1 背景介绍

通风管道是用于空气输送和分布的管道,净化系统通风管道是工业与民用建筑的通风与空调工程用金属或非金属管道,是为了使空气流通、降低有害气体浓度的一种基础设施。

中华人民共和国住房和城乡建设部于 2017 年 3 月 23 日发布了《通风管道技术规程》(JGJ/T 141—2017)[37],规范了通风管道的制作、安装和检验,其中明确规定了净化系统风管的安装规程:①风管系统安装前,建筑结构、门窗和地面施工应已完成,具备相对封闭条件。②风管安装场地及所用机具应保持清洁,安装人员应穿戴清洁工作服、手套和工作鞋等。③风管支吊架应在风管安装前定位固定好,减少大量产尘作业。经清洗干净端口密封的风管及其部件在安装前不得拆卸。安装时拆开端口封膜后应随即连接,安装中途停顿,应将端口重新封好。④净化系统风管的法兰垫料应为不产尘、不易老化、具有一定强度和弹性的材料,厚度应为 5～8 mm,不得使用厚纸板、石棉橡胶板、铅油麻丝及油毡纸等。法兰垫料应减少接头,可采用梯形或榫形连接,并应涂抹胶黏剂粘牢。法兰均匀压紧后的垫料不应凸出风管内壁。⑤风管与洁净室吊顶、隔墙等围护结构的接缝处应严密,并采用弹性密封胶进行密封。⑥风管所用的螺栓、螺母、垫圈和铆钉均应采用与管材性能相适应、不产生电化学腐蚀的材料。

2.3.2 净化系统的管道净化

净化系统包含送风系统、回风系统、多效过滤系统、空气分布系统、冷却与加热系统、加湿与除湿系统和控制调节系统[38],该系统能对空气进行冷却、加热、加湿和净化处理。

通常情况下,进入洁净区的空气一般要经过组合式空调机组内的初效过滤器、中效过滤器与一般装载风管末端的高效过滤器三层过滤处理,从而保证进入洁净区的空气能够达到相应的洁净要求。系统运作的基本流程:室外大气(新风)→空调净化机组(加热加湿器和初、中效过滤器)→送风管→高效过滤器→洁净室→回风口→空调净化机组→排风口(进入排风管)→大气[39]。

由于节能与健康的要求,空调送风一般都是由回风和新风混合而成的,而两者会携带室内外各种污染物(如灰尘、细菌、病毒、有害气体等)进入并污染系统,进入通风系统的多种污染物如果不及时处理,就会成为室内空气污染源之一。

许多环境学者指出很多情况下室内空气污染可比室外空气污染严重 20～50 倍[40]，室内环境的品质直接关系到人类健康，而调查显示有 40%～53%的室内空气污染是由风管内的污染物引起的。特别是"非典"之后，人们健康意识和对通风系统污染危害的认识也显著提高，国家的重视程度也达到了空前的高度，我国的通风管道净化事业开始步入快车道。

《药品生产质量管理规范》（Good Manufacture Practice of Medical Products，GMP）旨在最大限度地降低药品生产过程中的污染、交叉污染及混淆、差错等风险，确保持续稳定地生产出符合预定用途和注册要求的药品。空调净化系统产生的空气进入洁净室，主要承担两个任务：一是满足洁净室各环境指标，如洁净度、温湿度、压力等要求；二是带走室内产生的污染[41]。

净化系统是保证药品生产等洁净室保持相应洁净等级状态、避免生产过程中产生污染、符合《药品生产质量管理规范》要求的首要条件，保证进入洁净室的空气每立方米的含尘量、微生物含量在相应洁净等级的要求限度内，保证洁净室的尘埃粒子及时有效地随着净化空气的流动而被排出，从而有效地防止洁净室内的设备、设施、物料、人员产生尘埃等污染粒子的散发或扩散，并保证提供生产工艺操作所需的温度和湿度[42]。

1. 净化系统清洁和消毒的重要性

1）净化系统清洁的重要性

所有的设备设施在使用一段时间后，都会有原辅料、尘埃粒子等附着在其表面或内部，所以必须制定相应的清洁规范，定期对净化系统进行清洁。空调净化系统为洁净室提供符合洁净等级要求的洁净空气，若其内部存积了大量的尘埃粒子等污染物，则会给过滤器，尤其是高效过滤器带来沉重的负担，进入洁净室的每立方米的尘埃粒子数将不能保证达到洁净度的要求，进而对洁净室空气安全造成严重破坏，影响生产制药的质量。此外，净化系统本身也将成为一个污染源，污染整个洁净室，制药环境也不能保证符合要求，因此，一定要重视空调净化系统的清洁保养[43]。

2）净化系统消毒的重要性

洁净室不仅要控制尘埃粒子，还要控制每立方米悬浮菌和沉降菌的个数，仅仅通过 3 级过滤，很难控制室内的微生物数量。同时，在药品的洁净厂房设计中，为节约能源采用部分回风，但是回风的潮湿度较大，温度较高，回流到空调净化系统中，容易引起微生物繁殖，对整个系统产生污染[44]。在空调净化装置的长期运行过程中，必然会积累一些细菌和尘埃，一旦系统停止运行，高温的环境将为微生物的繁殖提供有利条件，微生物大量繁殖及其释放出的有害物质、代谢物等很大一部分是过滤器无法阻挡的[45]。此外洁净室内，由于人员的活动、物品的出入，空调净化系统不可能完全将所有的尘埃和微生物都带出洁净室，一部分微生物将在洁净室内继续繁殖，造成污染[46]。因此，必须定期对整个系统进行消毒灭菌，才能保证洁净室达到洁净等级的要求。

2. 净化系统管道和风口的清洁与消毒

1）管道和风口的清洁

空调净化系统的通风管道主要包括新风管、送风管、回风管和排风管。气体流经送风管需要经过初、中效过滤器，相对比较洁净。新风管中的风还未经过空调机组的净化，排风管中的风要排入空气中，不与洁净室直接接触，对管道的洁净度要求并不高。回风管中的风是从生产车间回流出来的，可能会含有一些尘埃粒子，在回风口通常安装有简易的过滤装置（如无纺布），滤除回风中超过一定粒径的颗粒物，保障进入回风管中的空气的洁净度。对于洁净级别小于 10 万级的空调净化系统的通风管道在安装之前必须进行清洁，用清洁剂或酒精擦洗干净，确保安装之处风管的清洁[47]。

当整个系统运行一段时间或更换生产品种之后，也要对整个系统进行吹洗，保证风管的清洁，同时避免交叉感染。风管管壁比较光滑，不容易积累灰尘，但是送风口、回风口及其接口处容易积累尘埃粒子，要定期对风口和接口软管部分进行清洁，回风口的过滤器也要定期拆洗，从而减少回风阻力，保证气流流速。

2）空调净化系统的消毒

目前应用最广泛的是臭氧消毒，臭氧发生器直接安装在空调净化系统的风道或空调机组中（称为内置臭氧发生器，一般安装在风机之后、中效过滤器之前），臭氧通过臭氧发生器产生。根据洁净室的面积确定杀毒灭菌的时间，灭菌时要根据规程进行操作，消毒前，关闭排风机处的气密阀及新风阀，使得空调机组、送风管、洁净室、回风管形成一个闭合的回路，然后打开臭氧发生器和风机，风速调到适中，产生的臭氧在净化系统中风机的推动作用下扩散至所控制的整个洁净室，并且使得空气中的臭氧浓度均匀，对整个洁净室进行消毒，剩余臭氧被吸入回风口，通过空调机组进行循环，对空调净化系统起到杀菌作用。这种消毒方式不仅对整个系统（包括各个设备的内部和表面）、洁净室进行了消毒和灭菌，还能对高效过滤器起到溶菌疏导作用，延长其使用寿命[48]。

2.4　通风管道净化相关标准

2.4.1　国内外室内空气质量标准和法规

1. 室内空气质量的定义

室内空气质量（indoor air quality，IAQ）对人们的健康和舒适感非常重要，其研究可以追溯到 20 世纪初，而 IAQ 的定义在近二十几年中也经历了许多变化[49]。最初，人们把 IAQ 几乎等价为一系列污染物浓度的指标。近年来，人们认识到纯客观的定义并不能完全涵盖 IAQ 的内容，因此对 IAQ 定义进行了新的诠释和发展，其定义已包含了主观感觉的内容。

在 1989 年国际室内空气质量会议上，丹麦哥本哈根大学教授 P. O. Fanger 提出：质量反映了满足人们要求的程度，如果人们对空气满意，就是高质量；反之，就是低质量[50]。英国特许建筑服务工程师学会（Chartered Institute of Building Services Engineers，CIBSE）认为：如果室内少于 50% 的人能察觉到任何气味，少于 20% 的人感觉不舒服，少于 10% 的人感觉到黏膜刺激，并且少于 5% 的人在不足 2% 的时间内感到烦躁，则可认为此时的 IAQ 是可接受的[51]。该定义与舒适度有关，并未考虑对人体健康有潜在危险却无异味的物质，以上两种定义的共同点是都将 IAQ 完全变成了人们的主观感受。

美国采暖、制冷和空调工程师协会（American Society of Heating，Refrigerating and Air-Conditioning Engineers，ASHRAE）颁布的标准《满足可接受室内空气质量的通风》（Standard 62-1989）中对"良好的室内空气质量"的定义：空气中没有已知的污染物达到公认的权威机构所确定的有害浓度指标，并且处于这种空气中的绝大多数人（≥80%）对此没有表示不满意。这一定义把室内空气质量品质的客观评价和主观评价结合起来，体现了人们认识上的飞跃。

1996 年，ASHRAE 在修订版 ASHRAE Standard 62-1989R 中，提出了"可接受的室内空气质量"（acceptable indoor air quality）和"可接受的感知的室内空气质量"（acceptable perceived indoor air quality）等概念。其中，"可接受的室内空气质量"定义如下：空调房间中绝大多数人没有对室内空气表示不满意，并且空气中没有已知的污染物达到了可能对人体健康产生严重威胁的浓度。"可接受的感知的室内空气质量"定义如下：空调空间中绝大多数人没有因为气味或刺激性而表示不满，它是达到可接受的 IAQ 的必要而非充分条件。由于有些气体如氡、一氧化碳等没有气味，对人也没有刺激作用，不会被人感受到，但却对人危害很大，因而仅用感知的室内空气质量是不够的，必须同时引入可接受的室内空气质量[52]。

国内有学者认为，IAQ 是指在某个具体的环境内，空气中某些要素对人群工作、生活的适宜程度，是反映了人们的具体要求而形成的一种概念，所以 IAQ 的优劣是根据人们的具体要求而定的[53, 54]。

2. 国内室内空气质量标准和法规

近些年随着国家对室内空气质量的重视，国内研究机构也重点开展了有关室内污染危害、室内环境质量指标、室内环境客观评价技术、室内环境检测技术、建筑装饰材料有害气体释放量测试技术、建筑内环境温度场、有害气体的治理技术等基础性研究工作。

1）室内空气质量标准

中华人民共和国国家质量监督检验检疫总局和卫生部于 2002 年联合发布了《室内空气质量标准》（GB/T 18883—2002），为保护人体健康，预防和控制室内空气污染制定了标准。该标准首先对室内空气质量参数、可吸入颗粒物及 TVOC 等进行标准定义；其次从物理性、化学性、生物性和放射性四个方面设置室内空气质量参数的标准值，具体数值见表 2-1；最后，介绍了室内空气中各种参数的检测技术，并着重阐述了空气中苯、TVOC 及菌落总数的检验方法。

表 2-1　室内空气质量标准[55]

参数类别	参数	单位	标准值	备注
物理性	温度	℃	22~28	夏季空调
			16~24	冬季空调
	相对湿度	%	40~80	夏季空调
			30~60	冬季空调
	空气流速	m/s	0.3	夏季空调
			0.2	冬季空调
	新风量	$m^3/(h·人)$	30	
化学性	二氧化硫 SO_2	mg/m^3	0.50	1 h 均值
	二氧化氮 NO_2	mg/m^3	0.24	1 h 均值
	一氧化碳 CO	mg/m^3	10	1 h 均值
	二氧化碳 CO_2	%	0.10	日平均值
	氨 NH_3	mg/m^3	0.20	1 h 均值
	臭氧 O_3	mg/m^3	0.16	1 h 均值
	甲醛 HCHO	mg/m^3	0.10	1 h 均值
	苯 C_6H_6	mg/m^3	0.11	1 h 均值
	甲苯 C_7H_8	mg/m^3	0.20	1 h 均值
	二甲苯 C_8H_{10}	mg/m^3	0.20	1 h 均值
	苯并[a]芘 B[a]P	ng/m^3	1.0	日平均值
	PM_{10}	mg/m^3	0.15	日平均值
	TVOC	mg/m^3	0.60	8 h 均值
生物性	菌落总数	cfu/m^3	2500	依据仪器定
放射性	氡 ^{222}Rn	Bq/m^3	400	年平均值

注：新风量要求大于等于标准值，除温度、相对湿度外其他参数要求小于等于标准值；达到此标准建议采取干预行动以降低室内氡浓度。

2)《室内空气质量卫生规范》(卫法监发〔2011〕255 号)

2001 年卫生部发布了四项环境卫生规范——《环境污染健康影响评价规范(试行)》(卫法监发〔2001〕168 号)、《室内空气质量卫生规范》、《室内空气质量、木制板材中甲醛和室内用涂料卫生规范》和《室内用涂料卫生规范》(卫法监发〔2001〕255 号)。2011 年卫生部发布了新版《室内空气质量卫生规范》,适用于住宅和办公建筑物,明确规定了室内空气质量标准、卫生要求、通风和净化卫生要求,以及室内空气中污染物和其他参数的检验方法。与《室内空气质量标准》不同的是,该规范从卫生安全和人体健康角度出发,强调了室内建筑和装修材料的质量应符合通风系统的安装要求、规范及净化装置的基本要求等。可以说,该规范的出台和修订,为进一步强化室内建筑装修材料质量标准的落实和减少其对室内空气质量的影响起到了指导作用,并提供了法律保障和技术措施。该规范将室内空气质量与装修材料的质量、建筑的通风要求紧密地结合在了一起,为提高室内空气质量和规范建材使用、建筑设计奠定了基础。

3)《民用建筑工程室内环境污染控制规范(2013 版)》(GB 50325—2010)

《民用建筑工程室内环境污染控制规范》由建设部于 2001 年 11 月发布,2006 年修订并于 2006 年 8 月 1 日起实施。GB 50325—2010 共修订(涉及正文)80 多条,对室内空气污染物的甲醛和氨的浓度限值做了修改,其中民用建筑工程验收时,必须进行室内环境污染物浓度检测,限量应符合表 2-2 的规定,表中 I 类民用建筑工程为住宅、宿舍、医院病房、老年建筑、幼儿园、学校教室等场所;II 类民用建筑工程为旅店、办公楼、文化娱乐场所、书店、图书馆、展览馆、体育馆、商场(店)、公共交通工具等候室、医院候诊室、饭店、理发店等场所。并针对苯和 TVOC 的测定方法,增加了室内空气中苯的测定、室内空气中 TVOC 测定。该规范在修订后更加严谨、更具有可操作性,也更适合于我国当前控制室内环境污染工作的需要[56]。

表 2-2　民用建筑工程室内环境污染物浓度限量

污染物	I 类民用建筑工程	II 类民用建筑工程
甲醛/(mg/m³)	≤0.08	≤0.1
苯/(mg/m³)	≤0.09	≤0.09
氨/(mg/m³)	≤0.2	≤0.2
TVOC/(mg/m³)	≤0.5	≤0.6
氡/(Bq/m³)	≤200	≤400

4)《环境空气质量标准》(GB 3095—2012)

随着我国经济的快速发展,经济发达地区氮氧化物(NO_x)和挥发性有机化合物（VOCs）排放量显著增长，臭氧（O_3）和细颗粒物（$PM_{2.5}$）污染加剧，在可吸入颗粒物（PM_{10}）和总悬浮颗粒物（TSP）污染还未全面解决的情况下，京津冀、长江三角洲、珠江三角洲等区域 $PM_{2.5}$ 和 O_3 污染加重，灰霾现象频繁发生，能见度降低，迫切需要新的环境空气质量标准，增加污染物监测项目，加严部分污染物限制，以客观反映我国环境空气质量状况，推动大气污染治理。

为了贯彻《中华人民共和国环境保护法》和《中华人民共和国大气污染防治法》，保护和改善生活环境、生态环境，保障人体健康，中华人民共和国国家质量监督检验检疫总局和中国国家标准化管理委员会在 2012 年发布《环境空气质量标准》（GB 3095—2012），自 2016 年 1 月 1 日开始在全国实施，其是我国一部具有强制性、普遍适用性的空气质量控制标准，并在 2018 年 7 月 31 日由生态环境部常务会议，审议并原则通过《环境空气质量标准》（GB 3095—2012）修改单。该标准适用于全国范围的环境空气质量评价与管理，规定了环境空气质量功能区划分类、标准分级、污染物项目、取值时间、浓度限值、采样与分析方法及数据统计的有效性等[57]。

由于 GB/T 18883—2002 中未能对某些敏感的污染因子做出明确的限值规定，如铅、总悬浮颗粒物、氟化物等，而这些敏感性的污染因子一旦出现在室内环境中往往又容易影响人体健康及室内环境空气质量，因此，在很多情况下，可以参考 GB 3095—2012 中的相关限值对室内环境中未做明确规定的室内污染因子进行相关评价。

GB 3095—2012 中对环境空气功能区分为两类，一类区为自然保护区、风景名胜区和其他需要特殊保护的区域；二类区为居民混合区、文化区和农村地区。由于室外空气流通量大，且易受风力、温度、湿度等气候条件及地形条件影响，因此即使同一种污染因子，GB 3095—2012 中的一级标准（如 SO_2、CO、O_3 等）中的限值也明显严于或等于 GB/T 18883—2002。另外，由于室内空间有限且污染源往往较集中，因此暴露在室内空气污染中的人体更易受到健康威胁，如对苯并[a]芘的室内空气标准浓度限值予以明确严化，日平均限值为 $1.0 \ ng/m^3$，比 GB 3095—2012 中所规定的日平均值 $2.5 \ ng/m^3$ 要低得多。

5）室内空气中单因子污染物卫生标准

卫生部于 20 世纪 90 年代末期颁布实施了一系列室内空气中单因子污染物卫生标准，主要有以下标准。

（1）《居室空气中甲醛的卫生标准》（GB/T 16127—1995）[58]。甲醛是目前室内家居生活中，对人体伤害最严重的一种物质之一，并且由于市场监管不严，装修材料品质不过关，很多新装修居室甲醛含量严重超标。国家技术监督局早在1995 年提出《居室空气中甲醛的卫生标准》（GB/T 16127—1995），其适用于各种城乡住宅内的空气环境，并规定了室内空气中甲醛的最高容许浓度为 $0.08 \ mg/m^3$。

其中，居住区大气中甲醛卫生检验标准方法参考《居住区大气中甲醛卫生检验标准方法　分光光度法》（GB/T 16129—1995）[59]。

（2）《室内空气中氮氧化物卫生标准》（GB/T 17096—1997）[60]。其由国家技术监督局和中华人民共和国卫生部提出，于 1998 年 1 月 2 日正式实施，该标准适用于室内空气的监测和评价，不适用于生产性场所的室内环境，并规定了室内空气中氮氧化物（以二氧化氮计）日平均最高容许浓度为 0.10 mg/m^3，其监测检验方法参考 GB/T 17096—1997 附录 A 所详细阐述的盐酸萘乙二胺分光光度法。

（3）《室内空气中二氧化硫卫生标准》（GB/T 17097—1997）[61]。该标准是以动物实验研究和流行病学调查为基础，参考了 WHO 制定大气卫生标准时的基准材料和国内多年科研成果，并结合我国国情制定出室内空气中二氧化硫的最高容许浓度和检验方法，该标准规定了室内空气中二氧化硫的日平均最高容许浓度为 0.15 mg/m^3，其监测检验方法参考《居住区大气中二氧化硫卫生标准检验方法　四氯汞盐盐酸副玫瑰苯胺分光光度法》（GB/T 8913—1988）[62]。

（4）《室内空气中臭氧卫生标准》（GB/T 18202—2000）[63]。中华人民共和国国家质量监督检验检疫总局遵循"引进"和"必要"的验证原则，检索国内外有关资料数据，结合我国国情，并进行了验证性的臭氧毒性研究及室内臭氧水平的调查，发布了《室内空气中臭氧卫生标准》（GB/T 18202—2000）。该标准规定了以时间评价浓度表示，1 h 平均最高容许浓度为 0.10 mg/m^3，其监测检验方法有两种，分别参考《环境空气　臭氧的测定　靛蓝二磺酸钠分光光度法》第 1 号修改单（HJ 504—2009/XG1—2018）和《环境空气　臭氧的测定　紫外光度法》第 1 号修改单（HJ 590—2010/XG1—2018）。

（5）《室内空气中细菌总数卫生标准》（GB/T 17093—1997）[64]。GB/T 17093—1997 是评价和控制室内微生物污染状况的重要指标，标准值规定空气中的细菌总数使用撞击法≤4000 cfu/m^3，沉降法≤45 cfu/皿。

（6）《室内空气中二氧化碳卫生标准》（GB/T 17094—1997）[65]。该标准是以国内多年科研和现场调查结果为基础，并结合国情制定出室内空气中二氧化碳的标准值和检验方法，适用于室内空气的监测和评价，不适用于生产性场所的室内环境。GB/T 17094—1997 规定了室内空气中二氧化碳卫生标准值≤0.10%（2000 mg/m^3），监测原理是根据比尔定律和二氧化碳对红外线有选择性吸收的原理，采用时间双光束系统、气体滤波、InSb 半导体检测器，经液晶显示直接读数。

（7）《室内空气中可吸入颗粒物卫生标准》（GB/T 17095—1997）[66]。GB/T 17095—1997 适用于室内空气的监测和评价，不适用于生产性场所的室内环境，在该标准中对可吸入颗粒物进行了定义：能吸入呼吸道的质量中值直径为 10 μm 的颗粒物，并规定室内可吸入颗粒物日平均最高容许浓度为 0.15 mg/m^3，质量中值直径为 10 μm，监测检验原理为撞击式称重法：利用二段可吸入颗粒物采样器，以 13 L/min 的流量分别将粒径≥10 μm 的颗粒采集在冲击板的玻璃纤维滤纸上，粒径≤10 μm 的颗粒采集在预先恒重的玻璃纤维滤纸上，取下再称量其重量，以采样标准体积除以粒径 10 μm 颗粒物的量，即得出可吸入颗粒物的浓度。检测下限为 0.05 mg。

（8）《室内氡及其子体控制要求》（GB/T 16146—2015）[67]。中华人民共和国国家质量监督检验检疫总局和中国国家标准化管理委员会发布的《室内氡及其子体控制要求》（GB/T 16146—2015）适用于室内氡及其子体的控制，该标准定义了氡浓度：C_{Rn} 为单位体积空气中氡的放射性活度（单位为 Bq/m³），并规定了室内氡浓度的控制值，对于室内氡浓度，优先使用以下的年均氡浓度控制值：①对新建建筑物室内氡浓度设定的年均氡浓度目标水平为 100 Bq/m³（目标水平：对新建建筑物室内氡浓度设定的控制目标值，用于对新建建筑物的室内氡浓度所致持续辐射的控制）；②对已建建筑物室内氡浓度设定的年均氡浓度行动水平为 300 Bq/m³（行动水平：为已建建筑物室内氡浓度设定的采取干预行动的水平，用于对已建建筑物的室内氡浓度所致持续辐射的干预）。室内氡浓度的测量参照《室内氡及其衰变产物测量规范》（GBZ/T 182—2006）[68]。

6）公共场所的卫生标准

国家市场监督管理总局和中国国家标准化管理委员会于 2019 年 4 月 4 日分别发布了《公共场所卫生管理规范》（GB 37487—2019）[69]、《公共场所卫生指标及限值要求》（GB 37488—2019）[70]及《公共场所设计卫生规范》（GB 37489—2019）[71]，并于 2019 年 11 月 1 日起正式施行。这三项标准与正在施行的《公共场所卫生检验方法》（GB/T 18204—2013）[72]和在 2019 年 12 月 1 日施行的《公共场所卫生学评价规范》（GB/T 37678—2019）[73]组成我国新的公共场所系列卫生标准。

新国标《公共场所卫生指标及限值要求》（GB 37488—2019），整合了 GB 9663～9673—1996、GB 16153—1996 的卫生指标要求；根据不同场所、不同指标类别，增加了推荐性卫生要求；增加了公共场所公共用品用具的种类和卫生学指标；还增加了公共场所集中空调通风系统卫生学指标，其中集中空调通风系统的定义：为使房间或封闭空间空气温度、湿度、洁净度和气流速度等参数达到设定要求而对空气进行集中处理、输送、分配的所有设备、管道及附件、仪器仪表的总和。

（1）新风量、二氧化碳。对有睡眠、休憩需求的公共场所，室内新风量不应小于 30 m³/(h·人)，室内二氧化碳浓度不应大于 0.10%；其他场所室内新风量不应小于 20 m³/(h·人)，室内二氧化碳浓度不应大于 0.15%。

（2）细菌总数。对有睡眠、休憩需求的公共场所，室内空气细菌总数不应大于 1500 cfu/m³ 或 20 cfu/皿；其他场所室内空气细菌总数不应大于 4000 cfu/m³ 或 40 cfu/皿。

（3）一氧化碳、可吸入颗粒物（PM_{10}）、甲醛、苯、甲苯和二甲苯。公共场所室内空气中的一氧化碳、可吸入颗粒物、甲醛、苯、甲苯和二甲苯浓度应符合表 2-3 的要求。

表 2-3　公共场所室内空气中的一氧化碳、可吸入颗粒物、甲醛、苯、甲苯和二甲苯卫生要求　　　　　（单位：mg/m^3）

指标	要求
一氧化碳	≤10
可吸入颗粒物	≤0.15
甲醛	≤0.10
苯	≤0.11
甲苯	≤0.20
二甲苯	≤0.20

（4）臭氧、TVOC、氡（^{222}Rn）。公共场所室内空气中的臭氧、总挥发性有机物、氡浓度宜达到表 2-4 的要求。

表 2-4　公共场所室内空气中的臭氧、TVOC、氡卫生要求

指标	要求
臭氧/(mg/m^3)	≤0.16
TVOC/(mg/m^3)	≤0.60
氡/(Bq/m^3)	≤400

（5）氨。理发店、美容店室内空气中氨浓度不应大于 0.50 mg/m^3；其他场所室内空气中氨浓度不应大于 0.20 mg/m^3。

（6）硫化氢。使用硫磺泉的温泉场所室内空气中硫化氢浓度不应大于 10 mg/m^3。

（7）地下空间室内空气质量。除地铁站台、地铁车厢外，公共场所是地下空间的，其室内空气质量应符合《人防工程平时使用环境卫生要求》（GB/T 17216—2012）[74] 的要求。并且《公共场所卫生指标及限值要求》有别于《室内空气质量标准》，其中包括了非空气质量范畴的因子，如风速、照度、噪声等，但其中风速因子却与公共场所基于通风换气的空气质量密切相关。

7）《公共场所集中空调通风系统卫生规范》（WS 394—2012）[75]

该标准适用于公共场所使用的集中空调通风系统，其他场所集中空调通风系统可参照执行，定义了新风量：单位时间内由集中空调通风系统进入室内的室外空气的量，单位为 $m^3/(h·人)$。可吸入颗粒物：悬浮空气中，空气动力学当量直径小于等于 10 μm，能够进入人体喉部以下呼吸道的颗粒状物质，简称 PM_{10}。风管表面积尘量：集中空调风管内表面单位面积灰尘的量，单位为 g/m^2。

（1）新风量。集中空调通风系统新风量的设计应符合表 2-5 的要求。

表 2-5　新风量要求

场所名称	新风量/[m^3/(h·人)]
宾馆、饭店、旅店、招待所、候诊室、理发店、美容店、游泳场（馆）、博物馆、美术馆、图书馆、游艺厅（室）、舞厅等	≥30
饭馆、咖啡馆、酒吧、茶座、影剧院、录像厅（室）、音乐厅、公共浴室、体育场（馆）、展览馆、商场（店）、书店、候车（机、船）室、公共交通工具等	≥20

（2）温度。集中空调通风系统送风温度的设计宜使公共浴室的更衣室、休息室冬季室内温度达到 25℃，其他公共场所在 16～20℃；夏季室内温度在 26～28℃。

（3）相对湿度。集中空调通风系统送风湿度的设计宜使游泳池（馆）相对湿度不大于 80%，其他公共场所相对湿度在 40%～65%。

（4）风速。集中空调通风系统送风风速的设计宜使宾馆、旅店、招待所、咖啡馆、酒吧、茶座、理发店、美容店及公共浴室的更衣室、休息室风速不大于 0.3 m/s，其他场所的风速不大于 0.5 m/s。

（5）卫生质量要求。集中空调通风系统冷却水和冷凝水中不得检出嗜肺军团菌。集中空调通风系统送风卫生指标应符合表 2-6 的要求。集中空调通风系统风管内表面卫生指标应符合表 2-7 的要求。

表 2-6　送风卫生指标

项目	指标
PM_{10}	≤0.15 mg/m^3
细菌总数	≤500 cfu/m^3
真菌总数	≤500 cfu/m^3
β-溶血性链球菌	不得检出
嗜肺军团菌（不作为许可的必检项目）	不得检出

表 2-7　风管内表面卫生指标

项目	指标
积尘量	≤20 mg/m^3
细菌总数	≤100 cfu/m^3
真菌总数	≤100 cfu/m^3

8）国内室内空气质量标准展望

国内现行室内空气质量标准仍然停留在 2002 年，随着我国经济发展的日新月异，空气污染物也有着不小的变化，这就需要适时对室内空气质量标准进行更新。目前国家卫生健康委员会正在牵头开展《室内空气质量标准》的修订工作，预计 2021 年将公布更符合规范、更科学的室内空气质量标准。

3. 国外室内空气质量标准和法规

国外很多国家早在 20 世纪 70 年代就开始着手于室内空气质量相关的法规、标准、指南的编制工作，其中，有些国家已经编制了基于其室内空气污染、生活习惯、气候、政策等因素的室内空气质量指南。现对国外主要几个国家、地区、组织关于室内空气质量的法规、标准、指南等有关管理控制措施汇总如下。

1）日本

（1）国土基建交通部建筑基本法。2002 年关于解决病态建筑综合征问题的新《日本建筑基本法》颁布，并于 2003 年 7 月 1 日正式生效。该基本法规定了房间用于通风的窗户或敞口的标准，包含自然通风和机械通风设备的技术标准，有利于降低住宅室内 VOCs。为了防止病态建筑综合征，特别需要充分的通风量以降低建筑材料和产品污染物的排放率，新建筑基本法中对此也做了适当的补充。厚生劳动省发布的室内空气质量指南限定甲醛浓度不得高于 $0.1\ mg/m^3$，甲苯浓度不得高于 $0.26\ mg/m^3$，二甲苯浓度不得高于 $0.87\ mg/m^3$，乙苯浓度需低于 $3.8\ mg/m^3$，乙醛浓度需低于 $0.048\ mg/m^3$。

（2）日本暖通工程协会的通风标准 102（供暖、空调和卫生标准，Heating，Air-Conditioning and Sanitary Standard，HASS）。该标准是日本的通风技术标准，该标准于 1997 年修订，用于普通室内环境的机械通风，如居室、办公室及附属空间，工厂的工作场所不包括在内。该标准规定了室内空气污染物的可接受浓度标准、通风量需求的计算方法、通风设备建设的技术准则。该标准通风需求量包括了室内污染物的排放率和设计标准，即考虑了场所用途及污染物产生情况；标准中指定的室内大气污染物为 CO_2、CO、悬浮颗粒物、NO_2、SO_2、HCHO、氡、石棉、TVOC。

2）美国

作为世界上最早开展室内空气污染研究的国家之一，美国自 20 世纪 70 年代以来，已开展了大量基础性研究工作。但出于种种原因，特别是由于室内环境的多样性和室内空气污染物的复杂性，联邦政府有关职能部门至今未能制定出涵盖所有影响室内空气质量因素的联邦法规和标准。目前美国出台的涉及室内环境空气的相关规定和规范多出自民间学术团体（包括各种协会、学会及组织等），部分州政府也提出了一些标准和评价导则。

（1）美国劳工部。美国劳工部于 2001 年 12 月 17 日为工人制定了相应的室内空气质量建议（联邦注册号 59：15968-16039），其中特别指出了吸烟对室内空气将造成极大的危害，另外室内建筑装饰材料及设备也会产生有损工人健康的空气污染问题。该建议针对工人的工作环境提出了相应的建议，并围绕室内空气污染对人体健康造成的危害提出了一些建议性的解决方法，但并未对室内空气指标予以定量化的限定。值得注意的是，该建议明确指出室内设备及装饰材料中会释放VOCs 及颗粒物，并将其释放的污染物质予以了明确的定性。

（2）EPA。EPA 于 2003 年发布的《室内氡污染评估》（402-R-03-003）中明确指出每年约有 2.1 万美国人由于接受过量的氡暴露而患肺癌；肺癌的发病率会随吸烟或室内空气中氡浓度的升高而大幅度增加[76]。一般情况下，在建筑中安装预防氡污染的装置或材料、安装排风扇等可以有效降低室内氡浓度。EPA 于 2007 年5 月修订的《有关氡的市民导则》（402- K-07-009）中明确指出每一座新建的房子或新装修的房间都应接受氡测试，即使该建筑内已安装了预防氡污染的装置。

EPA 在 2009 年创立了"室内空气加认证计划"，旨在帮助建筑商满足住户日渐增长的对室内空气质量改善的需求。EPA 制定了有关改善新居中室内空气质量的额外建筑要求。这些建筑要求中包括谨慎选择和安装湿度控制系统，加热、通风和空调系统，燃烧排气系统和放射性氡的防护设施及低散发建筑材料。建筑商需首先通过政府要求的能源之星认证，即达到显著超过国家强制要求的最低节能效率，降低温室气体排放；接着需达到 30 项有助于防治室内潮湿与真菌、螨虫、燃烧气体，以及其他空气污染物污染的要求。在居室正式获得满足室内空气质量要求的认证之前，首先要由第三方检测机构审核确认建筑是否满足 EPA 严格的指南和要求。

（3）ASHRAE。ASHRAE 创建的唯一目的是造福社会公众，通过开展科学研究，提供标准、准则、继续教育和出版物，促进加热、通风、空调和制冷方面的科学技术的发展。ASHRAE 是国际标准化组织（ISO）指定的唯一负责制冷、空调方面的国际标准认证组织。目前，ASHRAE 标准已被所有国家的制冷设备标准制定机构和制冷设备制造商所采用。

ASHRAE 发布的 ASHRAE Standard 62-1989R 是人们最为熟悉的达到可接受室内空气质量的指南，几乎为所有建筑法规所采用，也为绝大多数工程师用作通风空调系统的设计基础，最新修订的版本是在 2016 年修订出版。ASHRAE Standard 62.1-2016 规定室内一氧化碳的年平均浓度不得超过 10 mg/m^3，臭氧 1 h 平均浓度要低于 0.16 mg/m^3，甲醛浓度不得高于 0.1 mg/m^3。

3）欧洲

1996 年，欧盟通过了关于环境空气质量评估的框架指令，该指令及 4 项限制特定污染物的子指令是欧洲空气质量管理的里程碑及核心政策。2001 年，欧盟对各成员国的空气质量进行了综合评估。欧洲委员会认为，虽然在过去 40 年内，欧洲的大气污染大大减轻，但仍存在不少问题。这些问题与颗粒物和臭氧对健康及环境产生越来越大的影响有关。在此基础上，欧盟结合空气质量浓度限值的要求，启动了"欧洲清洁空气计划"（CAFE），并制定了"大气污染主题专题战略"[77]。

2004 年，34 项空气质量计划（AQPs）发布，其要求包括通过为中小型固定燃烧源（包括生物燃烧）安装或更换排放控制装置，减少固定污染源排放；通过改造排放控制装置减少车辆排放，并考虑经济激励政策；当局根据环境公共手册购置车辆、燃料和燃烧设备，降低污染排放；通过交通规划和管理降低交通排放，包括高峰期行车收费、停车分段收费或经济激励、建立低排放区；鼓励清洁交通模式；确保大、中、小型固定排放源和移动排放源使用低排放燃料；减少空气污染措施包括指令 2008/1/EC 中许可证体系、指令 2001/80/EC 中国家计划，以及经济手段如税收、收费或排污权交易；保护儿童或其他敏感群体的健康[78]。

2008 年 5 月，欧盟发布《关于欧洲空气质量及清洁空气法令》（The Ambient Air Quality and Cleaner Air for Europe），规定了 $PM_{2.5}$ 的目标浓度限制、暴露浓度限制和消减目标值，并于 2010 年制定了 $PM_{2.5}$ 标准。该法令要求 2020 年欧盟成员国需在 2010 年的基础上平均降低 20% $PM_{2.5}$ 含量[79]。

（1）德国。20 世纪 80 年代中期德国开展了全国范围的环境调查（GerES）：1985 年开展了针对成人的 GerES Ⅰ 调查；1990～1992 年开展了 GerES Ⅱ 调查；1998 年开展了 GerES Ⅲ 调查；2003～2006 年开展了关注孩子健康的 GerES Ⅳ 调查。调查显示室内空气中苯的浓度从 1985 年的 6.2 $\mu g/m^3$ 下降到 2006 年的 1.9 $\mu g/m^3$，并指出了香烟烟雾对于苯的贡献作用；对于室内空气中甲醛的调查结果没有显示太大的变化，但调查结果显示 VOCs 浓度超过了室内空气指导限值和 WHO 的室外空气质量指导值。2007 年德国建立了全国的室内空气质量指南。此外，德国还制定了一系列的室内空气指标［多环芳烃（PAHs）、多氯二苯并二噁英（PCDDs）、多氯二苯并呋喃（PCDFs）、多氯联苯（PCBs）、五氯酚（PCP）、NO_2、换气率、CO_2、霉菌等］的测量标准。

（2）其他欧洲国家。WHO 最新数据表明，芬兰的空气质量指标全世界最佳，WHO 公布的统计数据汇编了 2008～2016 年近 100 个国家 2500 个地点的细颗粒物数据，芬兰全国空气细微颗粒平均浓度为 6 $\mu g/m^3$，是世界上浓度最低的。早在 20 世纪 90 年代，芬兰就启动了房屋建筑计划和芬兰健康保护行动，并发布了《室内空气质量指南》的第一版；1995 年更新了健康保护行动的相关要求，同时对《室内空气质量和污染物测量》进行了修改并于 1997 年发布。

由于室内往往是低浓度污染，这些污染物长期存在时对人体的危害还不太清楚，它们影响人体舒适与健康的域值和剂量也不清楚。一方面，室内多种空气污染同时作用于人体，选用哪些污染物作为客观评价的标准还需进行大量研究。另一方面，人们的反应跟其个体特征密切相关，并且会因环境、心情、精神状态等因素的影响而出现主观倾向性，那么怎样制定科学合理的主观标准。这些问题都促使现有评价标准不断完善。而评价标准的完善又需以污染物的研究、对人体健康的影响、心理学等各方面知识的进展为基础[80]。

4）WHO

2005 年 WHO 组织专家修订了《空气质量指南：2005 年全球更新版》（Air Quality Guidelines：Global Update 2005，简称 AQG 2005），对可吸入颗粒物（PM_{10} 和 $PM_{2.5}$）、臭氧、二氧化氮和二氧化硫的浓度限值提出了更严格的要求[81]，适用于 WHO 所有区域，并指出可吸入颗粒物的准则可以适用于室内空气质量[82]。2010 年 WHO 首次发布室内有毒物质的量化标准《室内空气质量指南》，该指南综合了世界各国的情况，提出了 9 种室内特定污染物的来源、危害及其指导阈值，对世界各国建立室内空气质量标准起了有利的指导作用。该指南中指出，在欧洲地区每年至少有 400 人死于一氧化碳中毒，14%的肺癌患者都是吸入室内的氡造成的，空气中的苯与白血病有着直接的关系[83]。

WHO 报告提出，对室内空气的重要污染物包括苯、一氧化碳、甲醛、萘、二氧化氮、多环芳烃、放射性氡、三氯乙烯、四氯乙烯发布了管理指南，基于健康风险管理，对这些物质的室内空气污染浓度水平提出了指导限值。该指南指出排在第一位的是苯，苯的浓度达到 17 $\mu g/m^3$ 时，长期处在此环境中的人患白血病的概率为 1/10 000；排在第二位的是一氧化碳，其安全标准是 24 h 内每立方米空气中不超过 7 mg；排在第三位的是甲醛，安全标准是每立方米空气中含量低于 0.1 mg，超量会伤害肺功能。其他如 B[a]P 是多环烃混合物的代表性物质，目前尚无证据显示其对健康危害的具体浓度范围；空气中 B[a]P 的浓度达到 8.7×10^{-5} ng/m^3 时，暴露在此环境中的人罹患肺癌的可能性急剧增加。空气中 B[a]P 浓度达到 1.2 ng/m^3 时，人患肺癌的概率达到 1/10 000；空气中氡的含量达到 67 Bq/m^3 时，对人产生致命性危害的概率为 1/100；室内空气中三氯乙烯的浓度接近 8.7×10^{-5} $\mu g/m^3$ 时，人的健康将受到严重威胁；三氯乙烯的浓度达到 230 $\mu g/m^3$ 时，患癌症的概率是 1/10 000[84]。

2.4.2　国内外通风管道净化标准和法规

关于通风管道的清洗和净化，国外早就有专业的行业协会制定了详尽的行业规范，并且政府出台相关的法律进行支撑。国内也在 2006 年开始相继颁布"一法三规"①，2012 年颁布的《通风空调系统清洗服务标准》构成了目前国内空调清洗规范基本体系。

---

① "一法三规"是《公共场所集中空调通风系统卫生管理办法》（卫监督发〔2006〕53 号）、《公共场所集中空调通风系统卫生规范》、《公共场所集中空调通风系统卫生学评价规范》、《公共场所集中空调通风系统清洗规范》（卫监督发〔2006〕58 号）的俗称。

1. 国内通风管道净化标准和法规

1)《空调通风系统清洗规范》(GB 19210—2003)[85]

我国的空调风管清洗业虽然创建于 20 世纪 90 年代中期，但真正开始发展是在 2003 年"非典"肆虐以后，"非典"让全社会深刻意识到清洗空调系统的重要性。为了规范空调通风系统的清洗，防止空调通风系统或通风清洗过程有可能造成的二次污染，以及污染物在清洗中的扩散，中华人民共和国国家质量监督检验检疫总局于 2003 年发布了《空调通风系统清洗规范》(GB 19210—2003)。该标准规定了通风与空调系统中的风管系统清洁程度的检查、工程环境控制、清洗方法、清洗后的修复与更换、工程监控和清洗效果的检验，适用于被尘粒和生物性因子污染、对空气过滤无特殊要求的通风与空调系统中的风管系统的清洗。

2)《家用和类似用途电器的抗菌、除菌、净化功能》(GB 21551)

《家用和类似用途电器的抗菌、除菌、净化功能》分为两个部分：通则和特殊要求。其中 GB 21551.1—2008[86]为通则，该部分规定了家用和类似用途电器的抗菌、除菌、净化功能的范围、术语和定义、技术要求和标识等。其余部分为特殊要求，分别为《家用和类似用途电器的抗菌、除菌、净化功能　抗菌材料的特殊要求》(GB 21551.2—2010)、《家用和类似用途电器的抗菌、除菌、净化功能　空气净化器的特殊要求》(GB 21551.3—2010)、《家用和类似用途电器的抗菌、除菌、净化功能　电冰箱的特殊要求》(GB 21551.4—2010)、《家用和类似用途电器的抗菌、除菌、净化功能　洗衣机的特殊要求》(GB 21551.5—2010)、《家用和类似用途电器的抗菌、除菌、净化功能　空调器的特殊要求》(GB 21551.6—2010)。

其中 GB 21551.6—2010[87]规定了抗菌净化空调器至少应达以下两个指标之一：PM_{10} 颗粒净化效率≥40%，甲醛、氨、苯净化效率≥25%。

3)《公共场所卫生检验方法　第 5 部分：集中空调通风系统》(GB/T 18204.5—2013)

GB/T 18204.5—2013 规定了公共场所集中空调通风系统冷却水、冷凝水、空调送风、空调风管，以及空调净化消毒装置各项卫生指标的测定方法，适用于公共场所集中空调通风系统的测定。

4)《空调通风系统运行管理标准》(GB 50365—2019)[88]

中华人民共和国住房和城乡建设部于 2019 年 5 月 24 日发布新版《空调通风系统运行管理标准》，适用于民用建筑集中管理的空调通风系统的常规运行管理以及相关突发事件发生时的应急运行管理。

5)《通风空调系统清洗服务标准》(JG/T 400—2012)[89]

JG/T 400—2012 规定了空调通风系统清洗服务的术语和定义、清洗服务要求、清洗实施步骤和清洗作业服务质量验收，适用于工业和民用建筑空调通风系统中影响室内空气质量的设备、管道及部件的清洗服务。

6)《住宅新风系统技术标准》（JGJ/T 440—2018）[90]

为统一住宅新风系统工程技术要求，保证工程质量，改善住宅的室内空气质量，中华人民共和国住房和城乡建设部于 2018 年 12 月 18 日发布行业标准《住宅新风系统技术标准》，自 2019 年 5 月 1 日起实施。该标准适用于新建住宅和既有住宅的新风系统的设计、施工、验收和运行维护。

JGJ/T 440—2018 规定了新风系统的日常和定期维护保养，其中送风口、排风口应牢固、清洁，调节风口应调节到位，风口滤网不应堵塞，应每 3～6 个月对风口进行清洗，风口上无积灰，过滤网中应无粉尘污渍。对设置阻力检测和报警装置的过滤器，应根据报警进行清洗或更换；对未设置阻力检测和报警装置的过滤器，宜每 3～6 个月对粗效过滤器进行清洗或更换，宜每 3～6 个月对静电过滤器进行清洗，在室外污染严重时应缩短清洗或更换时间。应每 6 个月检查风管的气密性，风管连接处应无开裂、漏风现象。宜每年对新风系统运行效果进行检验，包括室内 CO_2 和 $PM_{2.5}$ 浓度。当发生传染病等卫生状况时，应对新风系统进行清洗和消毒处理。

7)《公共场所集中空调通风系统清洗消毒规范》（WS/T 396—2012）[91]

该标准规定了集中空调通风系统各主要设备、部件的清洗与消毒方法、清洗过程，以及专业清洗机构、专用清洗消毒设备的技术要求和专用清洗消毒设备的检验方法。该标准适用于公共场所集中空调通风系统的清洗和消毒，其他集中空调通风系统的清洗与消毒可参照执行。

8)《质量管理体系 集中空调通风系统清洗消毒服务 要求》（RB/T 162—2017）[92]

我国工业清洗服务起步较晚，但发展迅猛，据不完全统计，目前国内已有数十万家清洗消毒组织，其中集中空调通风系统清洗消毒服务行业从业人员达数百万人之多，已跻身我国十大服务业的前列。但目前缺乏行业标准和行业监督手段，行业有待科学化、规范化、标准化发展，因此国家认证认可监督管理委员于 2017 年 5 月 27 日发布了《质量管理体系 集中空调通风系统清洗消毒服务 要求》，对我国空调通风系统清洗行业进行有效的规范。RB/T 162—2017 中规定的主要的清洗方法为机械清洗法。常见的有机器人清洗、软轴清洗和气动清洗等方式。

9)《空调通风系统清洗服务规范》（DB32/T 2125—2012）[93]等地方标准

江苏省质量技术监督局为了提高空调清洗服务质量，规范空调清洗服务工作，结合江苏省实际情况，特制定《空调通风系统清洗服务规范》。通风管道的清洗主要包括主管道和支管道，其中主管道清洗流程：划分清洗区域、检查、风口拆除、送洗消毒、开孔、风口（管）封堵、风道系统二元清洗法清洗、检测、消毒、风口安装、检测机器人采样、第三方检测、清理现场；支管道清洗流程：划分清洗区域、监督检查、风口拆除、送洗消毒、开孔、风口（管）封堵、末端设备干/湿清洗、部门检测、整体消毒、风口安装、检测机器人采样、第三方检测、清理现场。二元清洗法是将空调风管分段并通过远程控制和监视器操作清洗机器人、吸尘器、清洗毛刷头等，逐点分段清洗空调风管的方法。

除江苏省地方标准 DB32/T 2125—2012 外，其他许多省市也就空调通风系统的清洗工作发布了地方规范，如北京市《集中空调通风系统卫生管理规范》（DB11/485—2020）、天津市《公共场所集中空调通风系统清洗消毒规范操作规程 第 1 部分：清洗》（DB12/T 444.1—2011）、上海市《集中空调通风系统卫生管理规范》（DB31/T 405—2021）、河南省《集中空调通风系统清洗消毒服务规范》（DB41/T 1463—2017）等。

10）《公共场所卫生管理条例》（国发〔1987〕24 号）、《公共场所卫生管理条例实施细则》（卫生部令第 80 号）

《公共场所卫生管理条例》是为创造良好的公共场所卫生条件、预防疾病、保障人体健康而制定的。由国务院于 1987 年 4 月 1 日发表并实施，2019 年 4 月 23 日，中华人民共和国国务院令（第 714 号）公布，对《公共场所卫生管理条例》部分条款予以修改。《公共场所卫生管理条例实施细则》于 2011 年 2 月 14 日经卫生部部务会议审议通过，自 2011 年 5 月 1 日起施行，主要对公共场所的卫生管理、卫生监督及法律责任进行明确规定。该细则明确提到了要对集中空调通风系统的清洗、消毒情况进行档案管理，且应有专人管理，分类记录，至少保存两年。

2. 国外通风管道净化标准和法规

室内空气污染导致的健康问题早已引起世界上各个国家的广泛关注，造成室内空气品质不佳的原因有很多，其中空调系统缺乏合格的维护保养是一个重要原因。国外从 20 世纪 70 年代末就开始重视空调的风道清洗并成立协会加强对相关企业的监管，如国际通风卫生评议会（International Council Ventilation and Hygiene，ICVH）、日本风管清洁协会（Japan Air Duct Cleaners Association，JADCA）、美国国家风管清洗协会（National Air Duct Cleaners Association，NADCA）、欧洲通风与卫生协会（European Ventilation Hygiene Association，EVHA）等[94]。同时，计算机、传感器、现代控制理论和技术的发展也为通风管道清洗机器人的研究和应用提供了技术保障。自从 1980 年丹麦 Danduct Clean（丹达克林）公司发明了世界上第一台通风管道清洗机器人直到 1990 年前后，国外的空调清洗得以普遍实施，并建立了相应的行业及国家标准。

1）日本

1988 年 JADCA 成立。1991 年 JADCA 发布了《风道清洁诊断和评估关键点》，1992 年发布了《管道系统现状和清洁管理》，1999 年发布了《空调系统清洗专用人员资质培训教材》。1997 年，JADCA 基于管道清洁测试方法发布了《管道清洁效率评价方法》JADCA-01、《光导测试方法》JADCA-02、《灰尘测试》

JADCA-03、《依据 TVOC 和其他室内空气质量指标数据现场调查管道清洗效果》JADCA-04 等。

目前日本常用的空调风管清扫工法主要有 ACVA 工法、ATM 工法、DBC 工法和 PCG 工法。

（1）ACVA 工法[95]。ACVA（air conditioning and ventilation access）系统由"调查（survey）-清扫（cleaning）-灭菌处理（treatment）-监控（monitor）"4 个环节组成，提供包括风管清扫及清扫前后污染调查和诊断的全套服务。施工方法分为安装 ACVA Point 和清扫两个过程，ACVA Point 的小型清扫兼检查孔安装在风管上以后，可以长期使用，不需拆下，使用时取下帽盖即可对风管内部进行污染诊断或清扫或消毒灭菌处理。

（2）ATM 工法[96]。ATM 工法是利用机器人进行风管内部清扫的方法。该工法需要在风管上开设操作口，将机器人从操作口送入风管内部，操作者可在外部遥控，无须进入风管内部。根据风管的不同形状尺寸，将回转刷、振打管等安装在机器人上，机器人在风管内移动清除管壁上堆积的粉尘，然后由集尘机收集。清扫完成后再将喷雾消毒装置搭载在机器人上对风管内部进行消毒处理。清扫过程中及清扫前后风管内的污染状况通过 TV 监视器实现远程监测。

（3）DBC 工法[97]。DBC 工法（duct brushing cleaning）的施工方法：①用刷子刷去风管管壁上的积尘，然后向管内喷入空气，使已剥离的粉尘随气流移动，被空气过滤网（袋）或集尘机收集；②根据风管污染情况，选择从上游或下游开始清扫。

（4）PCG 工法[98]。该工法的主要设备包括吸入式集尘装置（由吸入式风机、集尘机等构成）、PCG 机器人、PCG 风幡和连接软管等。清扫前污染程度的检查使用搭载 CCD 相机的遥控机器人（PCG 机器人），借助监视器观察风管内的污染状况，并可以进行摄像。用软管连接吸入式集尘装置和风管，由吸入式集尘装置产生的吸入气流在风管内形成 15～20 m/s 的控制风速。清扫结束后，在吸入式集尘装置运行的状态下取出 PCG 风幡，然后从送风口处喷入除臭剂或消毒剂等，药剂扩散到风管内，瞬间完成风管内消毒处理。

2）美国

（1）NADCA。NADCA 是较早成立的中央空调管道清洁协会。1992 年 NADCA 标准委员会发布了具有历史性意义的 HVAC 清洁标准 NADCA Standard 1992-01 Mechanical Cleaning of Non-Porous Air Conveyance System Components，该标准主要解决的是无孔空气运输系统各部件机械清洗的问题。该标准虽然并不是强制性标准，但给清洁公司和建筑物所有者在需要特定清洁项目时提供了清洗依据和需要达到的最低清洗标准[99]。NADCA 在 1997 年发布了 NADCA 05-1997 标准，规范了空调系统检修口安装要求；2001 年发布《空调系统清洁服务介绍》以及《采暖、送风和空调系统清洁专业要求》；2002 年发布了 Assessment，Cleaning and Restoration of HVAC Systems（ACR 2002），主要规范了 HVAC 系统评价、清洗和修复的卫生标准。现在，NADCA 最新颁布的 HVAC 清洗行业标准为 ACR 2013 The NADCA Standard for Assessment，Cleaning & Restoration of HVAC Systems，这套最新的国际认证标准旨在评估最新的和现有的 HVAC 系统，评估 HVAC 系统组件的清洁度，确定是否需要清洁及提供清洁度的验证标准，同时也提出 HVAC 系统清洁工作的一些危害及预防措施。因此，美国劳工部职业安全与健康司（Division of Occupational Safety and Health of the United States Department of Labor）建议只雇用 NADCA 成员的管道清洁专业人员[100]。

　　HVAC 系统洁净度检查和污染类型。HVAC 系统通过目测定期检查其清洁度，表 2-8 给出了检查间隔的最低要求，在湿度较高的区域需要更频繁的洁净度检查。

表 2-8　HVAC 洁净度检查进度表

建筑用途分类	空调处理单元	送风管	回风管/排风管
住宅	1 年	2 年	2 年
商用	1 年	1 年	1 年
工业	1 年	1 年	1 年
卫生保健	1 年	1 年	1 年
海运	1 年	2 年	2 年

　　如果在 HVAC 系统中可以看到很多污染物或残片堆积，则需要清洗系统；同样地，可以看到很明显的或通过分析法证实有活跃的真菌繁殖的时候，需要进行清洗；如果经过室内环境专业人士（Indoor Environment Professional，IEP）确认系统处于级别 2 或级别 3，则需要清洗系统。

　　HVAC 系统主要包括空气处理单元和风管系统。其中，空气处理单元污染评估应考虑单元中部件的代表段，包括但不局限于过滤器和空气回路，加热和冷却盘管，冷凝水管，湿系统，消声部件，风机和风机箱，门垫圈和一般完整单元；送风管污染评估应考虑送风系统部件的代表部分，包括但不局限于送风管，混风箱/控制箱，软管，隔热吸声部件，再加热盘管和其他风管部件；回风管污染评估应考虑回风系统部件的代表部分，包括但不局限于回风管，节气闸，回风箱，隔热吸声材料，新风箱和新风口。

　　（2）EPA。EPA 早在 1998 年发布了 The Building Air Quality（BAQ）Action Plan（楼宇空气质量）规范空调管道卫生标准。并随后发布了 Introduction to HVAC System Cleaning Services-A Guideline for Commercial Consumers，为商业消费者提供暖通空调系统清洁服务的介绍提供指南。

（3）美国检验、清洁和修复研究所（Institute of Inspection, Cleaning and Restoration Certification, IICSC）。其发布的 IICRC S500（Standard and Reference Guide for Professional Water Damage Restoration）在 2015 年进行了新的修订，为空调专业损害提供了修复标准和参考指南，以及 IICRC S520-2015（Standard and Reference Guide for Professional Mold Restoration），为空调霉菌污染提供专业修复标准和参考指南。

（4）美国国立健康研究院（National Institutes of Health, NIH）。其发布了 Reference Design and Safety Guidelines for the HVAC Designer，详细介绍了 HVAC 设计人员参考设计和安全标准；以及 Heating, Ventilation and Air-Conditioning Controls，规范了 HVAC 的控制使用；还有 Mold Prevention and Remediation Policy，规定了霉菌预防的措施及清洁修复的政策。

3）世界卫生组织

世界卫生组织（WHO）在 2006 年发布的确认指南 Supplementary Guidelines on Good Manufacturing Practices: Validation 附录 1 中详细阐述了采暖、通风和空气净化系统的验证，该指南涉及的 HVAC 系统参数包括温度、相对湿度、送风口的供气量、回风量或排风量、室内空气交换次数、室内压强、室内气流类型、单向流的流速、HEPA 过滤器的渗透试验、室内粒子计数、室内清场频率、空气和表面微生物计数与除尘操作。其中，尘埃粒子的计数是为了确认洁净度，检查最长时间间隔为 6 个月；大气压差是为了确认无交叉污染，应每天测量压差或关键车间，并取结果的对数值，建议不同区域的压差为 15 Pa，检查最长时间间隔为 12 个月；气流量是确认空气交换次数，测量送风口和回风口的气流速度，并计算空气交换次数，检查最长时间间隔为 12 个月。安装系统后，应对人员进行系统操作和维护在内知识的培训，并应将系统图纸、方案和报告作为参考资料保存，以备将来系统清洗和变更的时候进行参照。

4）瑞典

瑞典也是较早关注空调清扫技术的国家。瑞典国家住房、建筑及规划委员会（Swedish National Board of Housing, Building and Planning）1992 年发布了《空调系统运行检查指导》，明确地规范了空调系统运行检查方法，为瑞典空调系统的清洁奠定了基础。

同时，瑞典的通风系统清洗服务协会（RSVR）在 1992 年发布了 Checking the Performance of Ventilation Systems，具体地规范了如何检查空调通风系统的性能，维护空调管道清洁，保证空调系统的正常运行。

5）欧洲暖通空调学会（REHVA）

欧洲暖通空调学会在 2007 年发布了 Cleanliness of Ventilation Systems-A REHVA Guidebook[101]，其面向通风系统清洁的设计师和从业人员。该指南包括指导建设一个清洁的通风系统，在建筑的整个生命周期内保持清洁，这将考虑到建筑施工和安装过程中的清洁度，以及正确的维护操作要求，包括功能检查和清洁；而且提出了验证清洁度和测量方法的途径，还介绍了针对不同国家的检查和维护人员的培训做法。指南的内容是与代表实践和科学的欧洲专家审查和讨论的最新信息的一致意见，对空调清洗业具有很好的指导意义。

2.5 本 章 小 结

本章首先阐述了通风管道污染的原因及危害，通风管道不及时清理会对人们正常生活造成严重影响，继而分别介绍了国内外通风管道净化的现状及存在的问题，然后综述了国内外室内空气质量的标准和法规，以及国内外通风管道净化的标准和法规。欧美国家通风管道清洗业起步早，已形成专门的行业协会，并有国际通用的风管清扫技术及评价标准。虽然我国在该领域起步较晚，但近些年我国对空调管道清洗的重视程度急剧提高，不断出台通风管道净化标准和法规，规范通风管道清洗行业，保障通风管道净化事业走上长足稳定发展之路。

参 考 文 献

[1] 韩康康. 空调风系统清洗问题研究[D]. 上海：同济大学，2007.

[2] 贾胜辉，曹亚丽. 公共场所集中空调通风系统清洗现状分析与对策[J]. 清洗世界，2013，23（8）：1-3，22.

[3] Fan L. Cleaning of the air ducts of central air-conditioning improves the indoor air quality[J]. Cleaning World，2004，20（4）：14-18.

[4] 刘旭红. 公共场所集中空调通风系统卫生管理与清洗消毒技术[J]. 中国消毒学杂志，2008，25（5）：564-565.

[5] 司虹，侯君，关磊，等. 大连市公共场所集中空调通风系统卫生状况调查[J]. 职业与健康，2009，25（14）：1524-1525.

[6] 韩康康，徐文华. 关于集中式空调通风系统清洗若干问题的思考[J]. 洁净与空调技术，2006（3）：31-34.

[7] 文远高，郑重. 公共建筑室内空气污染及其控制[J]. 工业安全与环保，2004，30（3）：23-26.

[8] 周喜全，刘泽华，张杰. 中央空调通风管道系统的污染现状及清洗[J]. 制冷与空调（四川），2008，22（5）：82-85.

[9] 李德福. 空调通风系统清洗规范的制定和理解[J]. 清洗世界，2004，20（5）：32-39.

[10] 金银龙. 集中空调污染与健康危害控制[M]. 北京：中国标准出版社，2006.

[11] 吴乃诚. 空调通风系统清洗工程的探讨[J]. 制冷与空调，2008，8（5）：1-6.

[12] 李军，吴玉庭，马重芳，等. 我国中央空调通风系统清洗行业的现状和问题[J]. 清洗世界，2005，21（7）：27-32.

[13] 陈卫中，王晓峰，何升良，等. 2009 年—2015 年浙江省公共场所集中空调通风系统污染状况分析[J]. 中国卫生检验杂志，2016，26（19）：2857-2858.

[14] 林玉珍，林坚，马群飞. 福州市公共场所集中空调通风系统微生物污染情况调查[J]. 海峡预防医学杂志，2008，14（4）：65-66.

[15] 周权，林馨，张昊. 福州市 2016—2018 年公共场所集中空调通风系统卫生状况调查[J]. 海峡预防医学杂志，2019，25（2）：80-81.

通风管道净化

[16] 赵岩，冯利红，刘洪亮，等. 天津市公共场所集中空调通风系统卫生状况及影响因素[J]. 环境与健康杂志，
      2012，29（12）：1120-1123.

[17] 李晋，项云成，姜元华，等. 重庆市部分公共场所集中空调通风系统卫生现状调查及监督对策研究[J]. 中国
      卫生监督杂志，2013，20（4）：334-339.

[18] 刘慧，石同幸，冯文如，等. 2008—2011 年广州市公共场所集中空调通风系统微生物污染状况调查[J]. 预防
      医学论坛，2013，19（2）：103-105.

[19] 张健，刘俊华，邓志爱，等. 2012—2014 年广州市公共场所集中空调通风系统微生物污染状况调查[J]. 实用
      预防医学，2016，23（1）：43-45.

[20] 金鑫，韩旭，朱文玲，等. 我国公共场所集中空调通风系统卫生状况 Meta 分析的初步探讨[J]. 环境卫生学
      杂志，2014，4（6）：538-543.

[21] 张虹英. 中央空调通风系统清洗技术与措施[J]. 江西建材，2016（1）：109.

[22] 罗运有，曹勇，宋业群. 空调通风系统清洗研究的进展与评述[J]. 建筑热能通风空调，2009（1）：27-31.

[23] Ito H，Yoshizawa S，Kumagai K，et al. Dust deposit evaluation of air conditioning duct[C]. Proceedings of Indoor
      Air-96，Nagoya，1996.

[24] Kulp R，Fortmann R，Gentry C，et al. Evaluating residential air duct cleaning and IAQ：Results of a field study
      conducted in nine single family dwellings[C]. Proceedings of Healthy Buildings/IAQ-97，Washington D C（USA），
      1997.

[25] Holopainen R，Palonen J，Seppanen O. Cleaning technology of the air handling system[C]. Proceedings of Indoor
      Air 99，Edinburgh，1999.

[26] Holopainen R，Asikainen V，Tuomainen M，et al. Effectiveness of duct cleaning methods on newly installed duct
      surfaces[J]. Indoor Air，2010，13（3）：212-222.

[27] 徐文华. 空调风系统的清洗[J]. 清洗世界，2005，21（2）：21-27.

[28] 范济荣，冀兆良. 新风系统热回收方式性能分析与应用研究[J]. 建筑节能，2015（8）：11-14.

[29] 厉松，任慧忠，李云龙. 住宅式中央新风系统的应用研究[J]. 节能，2012，31（4）：38-42.

[30] 樊庆辉. 全热交换器在空调新风系统中的应用[J]. 科技资讯，2007（36）：27-28.

[31] 赵秋玥. 家用新风系统：未来前景看好[J]. 电器，2015（3）：30-31.

[32] 罗昊. 新风系统进家庭，选购需要多考量[J]. 大众用电，2017（5）：54.

[33] 樊越胜，谢伟，余俊伟，等. 风机盘管加新风系统室内 $PM_{2.5}$ 污染控制[J]. 土木建筑与环境工程，2017（6）：
      114-119.

[34] 金玮涛，高鹏，张浩. 某医院洁净手术部净化空调设计[J]. 低温建筑技术，2006（2）：108-109.

[35] 刘燕敏，刘飞. 新风空调系统过滤对室内吸入尘的影响分析[C]. 上海市制冷学会 2013 年学术年会，上海，
      2013.

[36] 许钟麟，张益昭. 改善室内空气品质的重要手段——新风过滤处理的新概念[J]. 暖通空调，1997，27（1）：
      5-9.

[37] 中华人民共和国住房和城乡建设部. 通风管道技术规程（JGJ/T 141—2017）[S]. 北京：中国建筑工业出版
      社，2017.

[38] 梁毅. GMP 教程[M]. 北京：中国医药科技出版社，2003.

[39] 季卫平. 净化空调系统的验证及维护保养[J]. 机电信息，2008（29）：35-40.

[40] 傅晓玉. 新风系统，掀起换气革命新浪潮——访松下电器（中国）有限公司[J]. 居业，2012（4）：50-51.

[41] 朱莲华. 洁净空调系统的维护保养及节能[J]. 机电信息，2011（11）：52-56.

[42] 王莉. 浅析空调净化系统的日常维护[J]. 机电信息，2012（26）：35-41.

[43]　罗洪国，石荣桂. 浅析洁净室洁净度的污染源及其控制方法[J]. 洁净与空调技术，2011（2）：79-82.

[44]　王静宏，韩伟亭. 臭氧消毒技术在净化空调系统中的应用[J]. 中国卫生工程学，2003，2（1）：45.

[45]　程艳. 制药企业工艺设备的清洁规程及清洁验证[J]. 中国药业，2006，15（9）：19-20.

[46]　李太华，樊海涛. 生物洁净室及其净化空调系统的消毒[J]. 化工与医药工程，2006，27（1）：39-41.

[47]　李钧. 药品 GMP 验证教程[M]. 北京：中国医药科技出版社，2002.

[48]　胡廷熹. 臭氧灭菌在药品生产中的应用[J]. 化工与医药工程，2001，22（2）：16-18.

[49]　Sundell J. On the history of indoor air quality and health[J]. Indoor Air，2010，14（s7）：51-58.

[50]　沈晋明，刘燕敏. 室内空气品质的新定义与新风直接入室方法的实验测试[J]. 暖通空调，1995（6）：30-33.

[51]　Olesen B W. International development of standards for ventilation of building[J]. ASHRAE Journal，1997，39（4）：31-39.

[52]　ASHRAE. Proposed American National Standard Ventilation for acceptable indoor air quality[R]. Public Review Draft 62-1989R，1996.

[53]　袭著革. 室内空气污染与健康[M]. 北京：化学工业出版社，2003.

[54]　王昭俊. 室内空气环境评价与控制[M]. 哈尔滨：哈尔滨工业大学出版社，2016.

[55]　中华人民共和国国家质量监督检验检疫总局，中华人民共和国卫生部. 室内空气质量标准（GB/T 18883—2002）[S]. 北京：中国标准出版社，2003.

[56]　中华人民共和国住房和城乡建设部，中华人民共和国国家质量监督检验检疫总局. 民用建筑工程室内环境污染控制规范（GB 50325—2010）[S]. 北京：中国计划出版社，2011.

[57]　中华人民共和国国家质量监督检验检疫总局，中国国家标准化管理委员会. 环境空气质量标准（GB 3095—2012）[S]. 北京：中国环境科学出版社，2016.

[58]　国家技术监督局. 居室空气中甲醛的卫生标准（GB/T 16127—1995）[S]. 北京：中国标准出版社，1996.

[59]　国家技术监督局，中华人民共和国卫生部. 居住区大气中甲醛卫生检验标准方法 分光光度法（GB/T 16129—1995）[S]. 北京：中国标准出版社，1996.

[60]　国家技术监督局，中华人民共和国卫生部. 室内空气中氮氧化物卫生标准（GB/T 17096—1997）[S]. 北京：中国标准出版社，1998.

[61]　国家技术监督局，中华人民共和国卫生部. 室内空气中二氧化硫卫生标准（GB/T 17097—1997）[S]. 北京：中国标准出版社，1998.

[62]　中华人民共和国卫生部. 居住区大气中二氧化硫卫生标准检验方法 四氯汞盐盐酸副玫瑰苯胺分光光度法（GB/T 8913—1988）[S]. 北京：中国标准出版社，1988.

[63]　中华人民共和国国家质量监督检验检疫总局. 室内空气中臭氧卫生标准（GB/T 18202—2000）[S]. 北京：中国标准出版社，2004.

[64]　国家技术监督局，中华人民共和国卫生部. 室内空气中细菌总数卫生标准（GB/T 17093—1997）[S]. 北京：中国标准出版社，1998.

[65]　国家技术监督局，中华人民共和国卫生部. 室内空气中二氧化碳卫生标准（GB/T 17094—1997）[S]. 北京：中国标准出版社，1998.

[66]　国家技术监督局，中华人民共和国卫生部. 室内空气中可吸入颗粒物卫生标准（GB/T 17095—1997）[S]. 北京：中国标准出版社，2004.

[67]　中华人民共和国国家质量监督检验检疫总局，中国国家标准化管理委员会. 室内氡及其子体控制要求（GB/T 16146—2015）[S]. 北京：中国标准出版社，2016.

[68]　中华人民共和国卫生部. 室内氡及其衰变产物测量规范（GBZ/T 182—2006）[S]. 北京：人民卫生出版社，2007.

[69]　国家市场监督管理总局，中国国家标准化管理委员会. 公共场所卫生管理规范（GB 37487—2019）[S]. 北

京：中国标准出版社，2019.

[70]　国家市场监督管理总局，中国国家标准化管理委员会. 公共场所卫生指标及限值要求（GB 37488—2019）[S].
　　　北京：中国标准出版社，2019.

[71]　国家市场监督管理总局，中国国家标准化管理委员会. 公共场所设计卫生规范（GB 37489—2019）[S]. 北
　　　京：中国标准出版社，2019.

[72]　中华人民共和国国家质量监督检验检疫总局，中国国家标准化管理委员会. 公共场所卫生检验方法
　　　（GB/T 18204—2013）[S]. 北京：中国标准出版社，2014.

[73]　国家市场监督管理总局，中国国家标准化管理委员会. 公共场所卫生学评价规范（GB 37678—2019）[S]. 北
　　　京：中国标准出版社，2019.

[74]　中华人民共和国国家质量监督检验检疫总局，中国国家标准化管理委员会. 人防工程平时使用环境卫生要
　　　求（GB/T 17216—2012）[S]. 北京：中国标准出版社，2012.

[75]　中华人民共和国卫生部. 公共场所集中空调通风系统卫生规范（WS 394—2012）[S]. 北京：中国标准出版
　　　社，2013.

[76]　武珊珊，刘吉福. 室内氡污染与肺癌[J]. 现代预防医学，2009，36（7）：1229-1230.

[77]　欧盟制定“欧洲洁净空气计划”（CAFE）[J]. 中国石油和化工标准与质量，2006，26（3）：62.

[78]　郝铄. 德国空气质量管理经[J]. 科学新闻，2017（6）：61-63.

[79]　董洁，李梦茹，孙若丹，等. 我国空气质量标准执行现状及与国外标准比较研究[J]. 环境与可持续发展，
　　　2015（5）：89-94.

[80]　崔涛，陈淑琴. 室内空气品质评价方法和标准的研究进展[J]. 制冷与空调：四川，2005，20（2）：63-67.

[81]　钱一晨，金晶. 典型国家和国际环境空气质量标准对比研究[J]. 能源研究与信息，2013，29（2）：9-15.

[82]　World Health Organization. WHO Air quality guidelines for particulate matter, ozone, nitrogen dioxide and sulfur
　　　dioxide-Summary of risk assessment（Global update 2005）[Z]. Geneva，Switzerland，2006.

[83]　World Health Organization. WHO Guidelines for Indoor Air Quality: Selected Pollutants[M]. The WHO European
　　　Centre for Environment and Health，Bonn Office，2010.

[84]　杨阳，曹小林，何凯，等. 室内空气品质评价指标和方法简述[J]. 流体机械，2014，42（12）：73-76.

[85]　中华人民共和国国家质量监督检验检疫总局. 空调通风系统清洗规范（GB 19210—2003）[S]. 北京：中国
　　　标准出版社，2003.

[86]　中华人民共和国国家质量监督检验检疫总局，中国国家标准化管理委员会. 家用和类似用途电器的抗菌、
　　　除菌、净化功能通则（GB 21551.1—2008）[S]. 北京：中国标准出版社，2009.

[87]　中华人民共和国国家质量监督检验检疫总局，中国国家标准化管理委员会. 家用和类似用途电器的抗菌、
　　　除菌、净化功能 空调器的特殊要求（GB 21551.6—2010）[S]. 北京：中国标准出版社，2011.

[88]　中华人民共和国住房和城乡建设部. 空调通风系统运行管理标准（GB 50365—2019）[S]. 北京：中国建筑
　　　工业出版社，2019.

[89]　中华人民共和国住房和城乡建设部. 通风空调系统清洗服务标准（JG/T 400—2012）[S]. 北京：中国标准出
　　　版社，2013.

[90]　中华人民共和国住房和城乡建设部. 住宅新风系统技术标准（JGJ/T 440—2018）[S]. 北京：中国建筑工业
　　　出版社，2018.

[91]　中华人民共和国卫生部. 公共场所集中空调通风系统清洗消毒规范（WS/T 396—2012）[S]. 北京：中国标
　　　准出版社，2013.

[92]　国家认证认可监督管理委员会. 质量管理体系 集中空调通风系统清洗消毒服务 要求（RB/T 162—2017）[S].
　　　北京：中国标准出版社，2017.

[93]　江苏省质量技术监督局. 空调通风系统清洗服务规范（DB32/T 2125—2012）[S]. 2012.

[94]　乔国凯. 中央空调清洁机器人控制系统的研究与实现[D]. 青岛：中国海洋大学，2008.

[95]　エビナ ダイ. ダクト洗浄・清掃[J]. 建築設備と配管工事，2001，8：59-63.

[96]　宮永久數. ATM 工法[J]. 建築設備と配管工事，2001，8：54-55.

[97]　樫森勲. DBC 工法[J]. 建築設備と配管工事，2001，8：67-68.

[98]　遠藤潔. 空調ダクトクリーニング[J]. 建築設備と配管工事，2001，8：69-73.

[99]　National Air Duct Cleaners Association. NADCA：A Tradition of Excellence Since 1989[EB/OL]. https：//nadca. com/about/history[2019-09-30].

[100]　National Institutes of Health，Office of Research Services（ORS），Division of Occupational Health and Safety （DOHS），et al. DOHS Fact Sheet on HVAC Duct Cleaning[EB/OL]. https：//www.ors.od.nih.gov/sr/dohs/ Documents/HVACDuctCleaning.pdf[2019-09-30].

[101]　Pertti P，Rauno H，Birgit M，et al. Cleanliness of ventilation systems-a REHVA guidebook[C]//Proceedings of Climate 2007 WellBeing Indoors. Helsinki：REHVA World Congress，2007.

第3章　通风管道净化技术

科技发展日新月异，正在快速而深刻地改变着每一个传统行业。在空调通风系统风管清洗市场，从技术不规范的人工时代，到人与机器共同协作的半自动化时代，通风管道清洗机器人的加入解决了技术人员难以对错综复杂的空调风管清洗的难题。通风管道清洗机器人作为通风管道清洗、消毒工作的主力军，是集行走、观察、录像、记录等功能于一体的多功能操作机。清洗机器人将移动机器人技术和吸尘技术有机地融合起来，实现家庭、宾馆、写字楼等室内环境的半自动或全自动清洁。目前，国内外专业研发这类设备的企业和单位主要以空调通风系统风管内积尘、微生物、气态污染物净化为服务宗旨，应用计算机技术、控制技术、传感器技术、通信技术、人工智能技术、材料仿生技术等技术手段设计、改造通风管道清洗机器人，以使机器人能够表现出优良的运动性能、对管道环境的高度适应性能以及对风管内部污染有效清洗消毒的能力。

3.1　通风管道清洗机器人

3.1.1　通风管道清洗机器人的重要性

中央空调通风管道、新风系统管道和净化系统管道在通风工程和空调工程中发挥了使室内、室外空气对流并置换室内外空气的作用。长年累月的运行使得这些系统通风管道内积聚了大量颗粒物、微生物和气态化合物等污染物。有报道指出[1-3]，在通风管道内发现了昆虫、老鼠、蟑螂等残骸，有的通风管道内甚至还存在装饰装修材料、建筑垃圾和生活垃圾。2003年"非典"疫情暴发之后，我国相关部门已多次出台政策法规，对空调系统卫生情况作了严格规范，但针对公共场所集中空调通风系统通风管道内污染指标进行的多次调查结果显示，仍有多数地区的公共场所通风管道卫生严重不过关。从流行病学的观点来观察，空调系统的通风管道实际上是某些病菌、病毒滋生与繁殖的温床，也是病原微生物交叉感染和传播的一种有效渠道。有学者指出，近年来"空调病"的发生率不断上升，很多时候就是空调缺乏清洁和消毒引起的，甚至一些较严重的疾病也都源自空调通风管道内的污染。例如，军团菌病——20世纪70年代末发现的一种急性细菌性呼吸道传染病。军团菌属细菌有 70 多个种，80%以上的军团菌感染病例是由其中的嗜肺军团菌引起的，据 WHO 资料显示，军团菌病呈世界性分布，且一年四季都会存在。军团菌是一种特殊的细菌，主要寄生在空调系统的冷却水和管道系统中。致病军团菌以气溶胶形式经过空调机入口或通风管道侵入室内，经呼吸道进入肺泡，从而引起感染发病[4-11]。

2003 年，国家质量监督检验检疫总局颁布了《空调通风系统清洗规范》（GB 19210—2003）[12]；同年，卫生部发布了《公共场所集中空调通风系统卫生规范》（卫法监发〔2003〕225 号）[13]；2005 年，建设部也与国家质量监督检验检疫总局共同编制了《空调通风系统运行管理规范》（GB 50365—2005）[14]。随后，卫生部为了进一步预防空气传播性疾病在公共场所的传播，保证输送空气的卫生质量，在 2012 年 9 月再一次修订并发布了 3 项标准：《公共场所集中空调通风系统卫生规范》（WS 394—2012，强制性卫生行业标准）[15]、《公共场所集中空调通风系统卫生学评价规范》（WS/T 395—2012）[16]及《公共场所集中空调通风系统清洗消毒规范》（WS/T 396—2012）[17]，用以取代 2006 年印发的《公共场所集中空调通风系统卫生管理办法》（卫监督发〔2006〕53 号）、《公共场所集中空调通风系统卫生规范》、《公共场所集中空调通风系统卫生学评价规范》、《公共场所集中空调通风系统清洗规范》（卫监督发〔2006〕58 号）（俗称“一法三规”）[18]。

《公共场所集中空调通风系统清洗消毒规范》（WS/T 396—2012）中 4.3 条（“风管清洗”）明文规定，“金属材质内表面风管的清洗，应使用可以进入风管内并能够正常工作的清洗设备和连接在风管开口且能够在清洗断面保持足够风速的捕集装置，将风管内的颗粒物、微生物有效地清除下来并输送到捕集装置中”，并且该规范明确指出“严禁操作人员进入风管内进行人工清洗”。同时，规范还限定了对公共场所集中空调通风系统的清洗应“采用专用工具和器械”，其含义就是指使用物理清除方式的专用清洗设备、工具进行机械清洗。

通风管道里面含有大量积尘、细菌、霉菌、病毒等污染物，对作业人员的健康存在很大的威胁；而且通风管道的结构和设置是错综复杂的，通常管线比较长，人工无法接触，只能借助专用工具和器械进去作业；此外通风管道内存在人类视线无法触及的地方，导致不能做到及时准确判断管道污染情况，也无法评价清理效果，因此在空调清洗行业，一种高效机械清洗设备——通风管道清洗机器人（air duct cleaning robot）便应运而生。

由此可见，通风管道清洗机器人对通风管道内污染物的清洗、净化具有显而易见的重要性和不可替代性。此外，从建筑节能角度出发，通风管道清洗机器人的重要性还体现在通过定期、高标准的管道清洁，去除通风管道内大量积尘，不仅能够减小空调通风系统出风阻力，节约建筑能耗；还可以有效提升空调的制冷、制热效果，并延长设备的使用寿命。

3.1.2 通风管道清洗机器人研究现状

通风管道清洗机器人具体是指具有行走、观察、录像、记录等功能，能够在人或智能系统的控制下模仿人类动作并帮助人类进行空调通风系统中通风管道净化作业的智能机电自动设备。通风管道清洗机器人是一种自动的、位置可控的、具有编程能力的多功能操作机，其应用原理涉及机械学、驱动技术、计算机技术、控制技术、传感器技术、通信技术、人工智能、材料科学和仿生学等多类学科。针对管道清洗机器人展开的研究大多集中在其结构设计[19-21]、模型建立[22, 23]、路径规划[24-27]、控制系统[28-30]、运动性能[31, 32]和智能技术应用[33, 34]等方面。

通风管道清洗机器人系统通常由以下 5 个部分组成（图 3-1）。

（1）运动部分，最常见的有（车）轮式[35]和履带式[36]两种（腿足式一般较少用于管道的清洁工作中），除可进行前进、后退操作外，应能够完成转弯、越障和调头等操作。

（2）工作部分，一般将刷洗电机安装在可升降的云台上，常规的驱动系统有气动传动[37]、电动传动[38]和液压传动[39]三种形式。

（3）视频部分，一般自带夜视照明装置，可安装多个摄像头，如若只安装单个摄像头，则该摄像头宜实现 360°全方位旋转[40]。

（4）控制部分，一般由视频录像机和操控器共同构成，人工操纵时的监控屏也是其必要组成部分。

（5）各类线缆，一般为单股多芯的电缆线，其中有视频线、控制线和电源线。

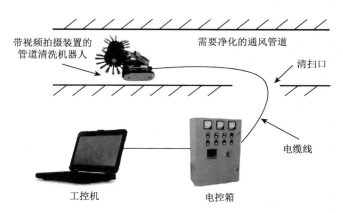

图 3-1 通风管道清洗机器人系统组成图

目前，市场上较为常见的清洗机器人，其清洗部件的种类主要包括[41]：①气鞭，即在压缩空气的作用下在末端喷出压缩空气的同时可朝不同方向进行无规则的乱舞乱打敲击通风管道内侧,从而使灰尘与管壁分离并被吸尘器吸走;②气动马达,即该马达在压缩空气的作用下可进行 360°高速旋转,从而带动清洗毛刷进行风管清洁工作;③电动马达,即常见的低压电机,一般为直流电机;④二合一机器人(软轴清洗机或手持式清洗软轴),此类机器人清洗刷的外围安装了吸尘装置,在正常工作的同时还可以进行吸尘处理,类似于地毯抽洗机;⑤个别清洗机器人为了能够更好地完成清洗工作,在刷洗的同时配置了高压喷气嘴,可通过喷气嘴将高压气流喷射到清洗作业面,协调进行清洗作业。

利用管道清洗机器人净化通风管道的宗旨是将清洗机器人与其他配套管道清洗设备联用,使风管内灰尘及黏结物以物理的方法松脱,在其他辅助设备产生管道负压及局部分段封堵的协助下,使脏污物排出管外,加以收集和集中处理;并利用机器人消毒设备对风管进行彻底消毒及表面处理,达到国家规定的卫生标准。

1. 国外通风管道清洗机器人产业发展现状

1)"移动机器人"发展简史

20 世纪 60 年代末期,国外开始展开对"移动机器人"的研究。"移动机器人"是一种集环境感知(SLAM,即 simultaneous localization and mapping 的缩写,一般译为"同步定位与地图构建")、动态决策与规划、行为控制与执行等多功能于一体的综合系统[42]。从归属性上来讲,通风管道清洗机器人是属于"移动机器人"的范畴,而"移动机器人"又属于"机器人"的大范畴。顾名思义,"移动"是机器人的一大重要标志。据报道,世界上首台能够实现自主移动的智能机器人名叫"Shakey the Robot"[43]。Shakey 是由查理·罗森(Charlie Rosen,美国斯坦福国际研究所创始人)领导的美国斯坦福研究所(现在改名为 SRI 国际)于 1966~1972 年研制出来的。Shakey 自从被研制出便具备一定的人工智能(artificial intelligence,AI):融合了逻辑思维能力(即能简单解决感知、环境建模、运动规划等问题)和对任务的执行能力。作为智慧型移动式机器人的先驱,Shakey 虽已退役并被收藏于美国加利福尼亚州山景城计算机历史博物馆(图 3-2)[44],但不可否认它是当时将"移动"和 AI 结合于一体的最为成功的机器人,其在实现过程中

图 3-2 展览于加利福尼亚州山景城计算机历史博物馆展柜中的"Shakey the Robot"

获得的成果不仅证实了许多属于 AI 领域的严肃科学结论，也成为一个历史标本，影响了很多后续先进移动机器人的研究。70 年代，随着计算机技术与传感器技术的发展与应用，"移动机器人"的研究出现了新高潮。进入 90 年代后，随着技术的迅猛发展，"移动机器人"向系列化、智能化进军并接近于实际应用水平[45]。

经过半个多世纪的演变，目前智能移动机器人已成为科学技术发展最为活跃的领域之一，被开发出的机器人在日常生活和工业中都起着非常重要的作用，例如，扫地机器人[46]、果蔬采摘机器人[47]、管道清洗机器人[48]、管道检测机器人[49]、地震救灾机器人[50]、医疗救助机器人[51]、军用机器人[52]等。

2）国外风管清洗行业协会发展简介

伴随空调业的发展，空调清洗行业的发展也已有数十年的历史了。国外民众对 1976 年美国费城暴发的军团菌病（费城召开退伍军人大会时暴发流行而得名）疫情记忆比较深刻，事后认定该病的传染源正是费城市某会场内的中央空调。这一事件也让国外在 20 世纪 70 年代末开始重视中央空调的风道清洗，80 年代国外对通风管道清洗机器人的研发进入繁荣阶段，90 年代之后开始普遍实施，并建立了相应的国家及行业标准来加强对各企业的管理。在北美、北欧、西欧、澳大利亚及日本、韩国、新加坡等国家和地区，空调需要定时清洗是常识，这些国家针对通风管道清洗机器人的研究也比较早，且都相继成立了空调系统通风管道清洗的协会。

（1）日本空调清洗行业始于 1982 年。日本厚生省[现改组为厚生劳动省（Ministry of Health，Labour and Welfare，MHLW），主要负责医疗卫生和社会保障，相当于我国人力资源和社会保障部与国家卫生健康委员会（原卫生部）的结合体]环境卫生局针对建筑物环境卫生召开研讨会，讨论了空调的污染和系统的维护管理问题。次年，便发布了"应在可能情况下对风道内部进行清扫作业"的相关规定。1988 年，由日本国内数家首先获得认可的风管清洁企业发起并成立了 JADCA。2001 年 12 月召开的日本临时国会通过了《建筑物卫生管理法》的部分修正案，"空气调和专用风管清洗业"正式成为一个新的注册业种，这被日本空调行业认为是一个划时代的标志。JADCA 现在的使命是构建一套"空调用风管清洁技术评价制度"[53]。

（2）美国对空调的研究早在 100 多年前就已经开始了。1902 年，世界上第一台现代意义上的电力空调在美国诞生。随后，几乎每隔十年美国的空调都会有划时代的研发结果问世，对后世空调的发展起到了承前启后的作用。在 20 世纪中期，美国 HVAC 通风系统的清洗业便诞生了，但是直到 80 年代中后期开始，这一行业的发展才变得迅猛，这与 1976 年美国费城退伍军人协会会员中曾暴发急性发热性呼吸道疾病（后被定性为军团菌疫情）也是有着内在关联的。美国在

1989 年成立了 NADCA，致力于发布供暖、通风和空调管道的安全、评估和清洁的标准[54]。

（3）EVHA 是由代表欧洲的多个国家于 1999 年商讨成立的，旨在促进欧洲的通风卫生行业的发展，并游说相关法规和标准的改进。欧洲内部一些国家还有自己的一些通风系统维护协会，如英国的暖通服务商协会（Heating & Ventilating Contractors Association）。

3）国外通风管道清洗机器人发展概况

风管清洗行业协会也促进了空调通风管道清洗产业（如清洗技术和清洗设备等）的发展。空调风管系统主要的专用清洗设备包括通风管道清洗机器人、捕集装置、手持式风管清洗装置、非水平风管清洗装置、空气压缩机、风管开孔机和空调部件清洗装置等[55]。其中，通风管道清洗机器人在国外早已形成了产业化。在西方一些发达国家，空调通风管道清洗机器人的发展已有几十年的历史。这些国家因为对于通风管道清洗机器人的研究开发起步比较早，而且国家对暖通空调和环境质量都有比较严格的国家标准或行业标准，加之有关暖通空调而成立的各种协会都大大加快了通风管道清洗机器人的研究进展，在通风管道清洗机器人行业内，拥有比较成熟的机器人开发技术的企业，如丹麦的 Danduct Clean，瑞典的 Wintclean Air AB，美国的 NIKRO 和 Vsi，英国的 Indoor 和 Hasman，加拿大的 Airtox，捷克共和国的 JettyRobot，日本的ウイントン，韩国的 Hanlim 等。纵观国外的这些公司早期研发的通风管道清洗机器人，虽然结构造型差别不一，但其核心性能却很类似，一般多采用轮式或履带式作为机器人移动的方式，机器人通过高速旋转清扫部件将矩形或圆形风管内的积尘剥落后扫除，另外，一般均需人机搭配——操作人员在操作区对管道内的机器人进行线控，当然管道内机器人一般都会配有照明设备和视频录像装配以备操作人员通过控制设备对机器人进行控制[56]。

（1）丹麦的 Danduct Clean 公司研发的集中空调通风系统清洗的设备，对政企办公大楼、高层写字楼、大型购物中心、宾馆酒店、体育中心、机场、车站候车室等场所的集中空调通风系统的风道、机组、风盘、风口等均可进行高效率清洗。公司旗下典型的通风管道清洗机器人代表就是多功能管道清洗机器人 MPR（Danduct Clean MPR），如图 3-3 所示。多功能管道清洗机器人 MPR 采用四轮驱动，动力强劲，操控灵活。多模块式结构和设计可以使得 MPR 机器人清洁旋转毛刷适应小到 150 mm×300 mm 的矩形管道或是大到 1200 mm 高的圆形管道。

Danduct Clean 公司的多功能管道清洗机器人 MPR 的技术参数见表 3-1。

图 3-3　Danduct Clean 公司研发的多功能管道清洗机器人 MPR[57]示意图

表 3-1　Danduct Clean 公司的多功能管道清洗机器人 MPR 的技术参数

设计项目	参数
工作电压	230 V
显示器	21 寸液晶显示器
摄像头（前/后）	高分辨率彩色/黑白
可调节光源	LED
图像记录器	8 GB 硬盘
连续作业距离	30 m
适用管道范围	ϕ400～ϕ1200 mm（圆形风管） 高 150～1100 mm（矩形风管）
检查机器人	长：303 mm；宽：300 mm；高：145 mm；质量：10 kg
装载升降臂的机器人	长：760 mm；宽：300 mm；高：272 mm；质量：21 kg
携带箱	长：600 mm；宽：800 mm；高：400 mm；质量：48 kg

　　（2）瑞典的 Wintclean Air AB 公司也是一家起步比较早、技术比较成熟的风管机器人研制企业。在欧洲和一些其他国家都有过比较成功的集中空调风道清洗案例。公司旗下的压缩空气驱动的管道洗刷机器 Scrubber ［图 3-4（a）］、用于垂直管道的 SQD 清扫机械 ［图 3-4（b）］以及 Bandy-Ⅱ型（邦德-Ⅱ型）机器人均有着很大的市场技术占有量。Scrubber 这款洗刷器采取断续气流驱动式的刷子机械对圆形或矩形管道进行清扫，经大量实用证明是有效的、耐用的，其运转速度比较惊人，因此尤其适用于长管道的清洁。通过适当适配器的使用，还可以应用到直径很小的圆形管道内。安装在洗刷器前端的空气软管帮助清除松动的污垢，再由带有微型过滤器的除尘器 Wintvac 除去从通风管道内壁散落的所有污垢。而

SQD 清扫机械是为清洁较大截面垂直、正方形或矩形的管道而设计的。SQD 悬挂在一根保险丝（线或钢索）上，沿轴侧自上而下下降，刷子旋转以松动管道内壁的污垢，再由连接到管道底部的 Wintvac 抽取装置产生的反向气流同时将灰尘从管道中排出。

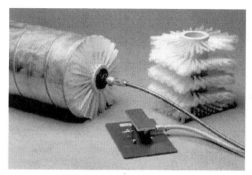

(a) 压缩空气驱动的洗刷机器Scrubber　　　　　　　　(b) SQD清扫机械

图 3-4　瑞典 Wintclean Air AB 公司的管道洗刷器[58]

　　Wintclean Bandy-Ⅱ型机器人是一种小型的履带式遥控车载机器人。之所以采用履带式行走，是因为这种行走方式具有越障能力强、转弯半径小等优点，但是其缺点也比较明显：行走速度较慢，结构也比较复杂。Bandy Ⅱ型清洗机器人不仅可以在空调系统通风管道内爬行，使用微型摄像机对其进行检查，还可以配备多种类型的清洁毛刷清扫圆形或矩形风管，再利用压缩空气的冲力将管道中的灰尘吹起、收集并清理，或配备空气软管喷嘴用以喷射清洁绝缘管道材料，以及对油垢堆积的管道加以清洗。

　　Wintclean Air AB 公司在 1993 年汉诺威工业博览会上展示这些获得专利的清洁工艺时，收到来自 38 个国家 100 多个有关分销权的询问。如今在德国、荷兰、西班牙、北美、韩国都有分销商，我国也有很多空调管道清洗机器人研发企业、科技公司或清洁公司引进了瑞典 Wintclean Air AB 公司的相关技术。

　　（3）捷克共和国的 JettyRobot（图 3-5）是一款设计独特的履带驱动式机器人，主要用于管道的检修和清洁，尤其适用于管道系统拆卸困难或无法拆卸的场合中。在使用时，将 JettyRobot 置于管道中心，从图 3-5 中不难看出，该款机器人拥有比较稳定的运动性能，因此能够安全有效地使用高压喷射技术清扫管道。例如，非磨蚀喷射技术（non-abrasive blasting）：干冰喷射（dry ice blasting）和压缩空气喷射（compressed air blasting）；或者磨蚀型喷射技术（abrasive blasting）：喷砂处理（sand blasting）、喷粒处理（grit blasting）、小苏打（碳酸氢钠）粉喷射处理（baking soda blasting）和胡桃壳喷射处理（walnut shell blasting）等。除了空调系统通风管道，JettyRobot 在搭载不同传感器和其他工具之后还可以在不同工作环境下进行清洁，因此也适用于其他行业管道的清扫。

图 3-5　捷克共和国的履带驱动式机器人 JettyRobot[59]

（4）韩国 Hanlim 公司旗下的 X-POWER 系列管道清洗机器人（图 3-6）配备有高分辨率的 WATEC CCD 摄像头，两个 8 W 水晶反射探照灯，无开关技术的 Micom 控制系统，脉冲宽度调制技术（pulse width modulation，PWM），带聚四氟乙烯外壳的晶体反射镜，以及特制的柔性电源电缆线和信号电缆线。这个系列的清洗机器人经由特殊设计（毛刷竖直升降机构）的两步式刷子系统同时清扫空调通风管（最大高度 630 mm）的底侧和顶部，通过 360° 旋转摄像头以便在机器人清扫的时候检查风管内的所有部件。

图 3-6　韩国 Hanlim 公司旗下的 X-POWER 系列管道清洗机器人

2. 国内通风管道清洗机器人发展现状

我国对通风管道清洗机器人的研究较国外晚了数十年。早期，只有很少的高级写字楼和外资工厂有风管清洗的需求，不多的机器人设备也全是国外品牌，如瑞典的 Wintclean Air AB，丹麦的 Danduct Clean，加拿大的 Airtox 等。"非典"以后，国内风管清洗市场出现了转机：一方面人们健康意识普遍提高；另一方面，国家的重视程度也达到了空前的高度，相继制定了一系列标准和规范，风管清洗的市场需求空白被打破，呈现出巨大的商业潜力。国内相关研发单位和企业在国外成熟技术的基础上进行调整，研发出适合我国通风管道国情的清洗机器人。有部分国内部门已经研制出了具有自主特色的清洗机器人。

国产的通风管道清洗机器人在主体结构上与国外的清洗机器人大同小异，主要仍是由移动小车（行走方式主要还是车轮式和履带式两种）、清洗作业装置（如清洗毛刷、清扫吸尘器等）、消毒装置（主要采取喷雾消毒方式）、监视录像装置（高清摄像头、录像机等）、控制装置及电缆线（电源电缆线和信号电缆线）等部分组成。

2004 年，我国首台管道清洗机器人由中国科学院兰州分院科研人员研制成功。以该技术制造的空调通风管道清洗机器人，功能达到了国外同类装置水平，但是成本却仅为国外同类机器的一半左右。同国外同类装置相比，该机器人具有尺寸小、成本低、行动灵活、操作可靠、清洁效率高和应用领域广等特点，并且在移动机构的驱动系统、主动控制臂系统、照明系统和清洁系统的设计上均有创新[60]。这台机器人是根据 400 mm×400 mm 和 500 mm×500 mm 空调通风管道设计的，除了能够在管道内前进、后退和转弯，还具备了对管道内污染物进行观察和清洁的功能。主要设计参数：行走速度为 0.5～1.0 m/min，有电缆控制，且电缆长度超过 30 m，清洁动力刷安装在机器人上并支持外部控制需要。

2004 年，清华大学精密仪器与机械学系制造工程研究所与中国人民解放军工程质量监督总站的研究技术人员携手成功解决了管道清污"移动机器人"的关键技术，研制出了集探测、清扫、吸尘、消毒喷雾多功能于一体的 MDCR-I 型智能机器人[61]。该款机器人具有基于多传感器信息的手动遥控操作和智能化自主行驶功能，适用于各种圆形和矩形截面尺寸的空调风管内的智能化清洗、消毒作业。虽然机器人在完成清扫、吸尘和喷雾消毒时需要卸载或者更换工具头，但由于清洗工具头和机械手臂之间采用接插式快换接口（采用正方形对称设计）。在这样的设计下，同一个清扫工具头，旋转 90°安装便可完成矩形管道清扫向圆形管道清扫的转变，当然，逆向转换也是可以实现的。值得一提的是，接插式快换接口在清洁刷和刷头电机之间也是这样设计的，原因在于清扫不同截面直径的管道时，需要更换不同长度刷毛的清洁刷，即使清扫同一截面直径的管道，由于磨损，清洁刷也需要更换，这样设计会使得清洁刷更换起来更为方便。MDCR-I 型机器人在除尘时，通过携带的吸尘工具头（在竖直方向上可以移动 10 mm，但在水平方向上不能移动）将剥落的灰尘吸收到管外的吸尘器中。

MDCR-I 型智能机器人相关的设计结构参数见表 3-2。

表 3-2　MDCR-I 型智能机器人的设计结构参数

设计项目		参数
重量		15 kg
长×宽×高（不包括机械手臂和工具头）		520 mm×290 mm×270 mm
连续作业距离		30 m
最大翻越障碍高度		10 mm
最大行进速度（无级变速）		5 m/min
清洁刷最高转速（无级变速）	圆形风管	400 n/min
	矩形风管	200 n/min
适用管道范围	圆形风管	$\phi400\sim\phi1000$ mm
	矩形风管	宽 400～1000 mm，高 300～700 mm
吸尘头	圆形风管	与风管下壁面吻合的弧面吸尘头
	矩形风管	平面吸尘头

为了解决管道机器人对复杂管道（圆形、矩形、扁圆形、锥形、阶梯管道、变截面形状管道等）环境适应性不足、管内越障能力和弯道自主行走能力不强的难题，东华大学机械工程学院管道清洗机器人研究组在上海市科学技术委员会的资助下，通过对国外管道清洗机器人产品的深入分析，在东华大学原有发明专利"自主变位四履带足管内机器人行走机构"（ZL 99116942.5）的基础上[62]，对其进行二次开发，研制出了一种具有我国独立知识产权，适应非等径、变截面管道环境的新型管道机器人行走机构：自主变位四履带足结构，并将此技术成功应用于通风除尘管道清洗机器人产品开发。整个行走机构由 4 个独立驱动的履带足构成，每个履带足采用低置单轴支撑形式，履带可绕支撑轴自由摆动，此种结构使得履带前端碰到障碍时，履带可自主上翘，可方便地攀越障碍，大大提高了机器人的越障能力。行走机构采用一种自包含电动轮模块的独立驱动结构。自包含电动轮模块通常用在行星探测车辆上，它是指轮的驱动系统和控制系统都做在轮体内。目前这种概念已经发展成为用高功率密度的直流电机直接安装在轮子内部的轮内驱动形式[63]。

据悉，2003 年底东华大学研制出第一台管道清洗机器人原型样机，经过长时间的试验和改进设计，2004 年制造出第一台产品样机（图 3-7）。管道清洗机器人样机系统主要由以下几大部分组成[64]。

（1）机器人本体：管道清洗机器人的主要执行装置、主要部件采用不锈钢材料制造，使用寿命较长。其外形由东华大学工业设计专家设计。机器人本体具有独特的管内越障、自适应管径、自主水平姿态调整、防倾覆功能，可进入小管径的矩形扁平管道和圆形管道等多种复杂管道。

（2）各类清洗毛刷：具有不同形状、不同尺寸，以清洗不同类型的管道。

（3）控制系统：包括控制电源、控制箱、控制电缆和外设 PC 机。外设 PC 机主要负责管外监控和进行必要的录像、资料保存工作，较国外用录像带保存资料的同类产品有独创的先进性。

（4）软轴刷：独立的清洗装置，可以进入机器人本体不能进入的更小管道进行清洗，保证各类管道都能得到清洗。

（5）照明系统和录像系统：机器人前后均安装有微型摄像头和照明灯。微型摄像头位于两照明灯中间；两侧照明灯与壳体呈外侧倾斜，以扩大照明灯的照射角。

（6）灰尘收集系统：清洗所必不可少的装置，具有强大的负压，可吸走清洗下来的灰尘、垃圾。

图 3-7　自主变位四履带足行走结构通风管道清洗机器人样机简图

该款通风管道清洗机器人的主要技术性能具体见表 3-3。

表 3-3　东华大学研制的自主变位四履带足行走结构通风管道清洗机器人的技术性能

设计项目	技术性能
越障能力	最大越过 9 cm 高的台阶、爬 32°坡度
有效行进距离	30 m

续表

设计项目		技术性能
清洗作业数据处理		计算机视频检测技术，检测资料便于保存、分析、检索、携带
清扫毛刷转速		800 r/min
清扫毛刷安装方式		上下两套毛刷，同时清扫三个管道壁面（清扫矩形管道时）
清扫毛刷运转方式		三轴输出传动
照明设施		高亮度 LED 照明灯（发热低、寿命长）
适用管道范围	圆形风管	$\phi > 350$ mm
	矩形风管	高：150～650 mm

　　国内空调清洗行业中也有一些企业或科技公司擅长中央空调通风管道、热交换设备、新风管道、净化系统用风管等设备的清洗、消毒和后期维护、保养。

　　长沙亚欣电器技术服务股份有限公司在 2013 年，结合多年工程经验开发了一款接触负压型清洗机器人——集合型通风管道清洗机器人。2018 年 5 月 7 日，该类型的最新款式 YX-QSR（X）-ⅢAD 集合型多功能通风管道清洗机器人［图 3-8（a）］正式上市。集合型多功能通风管道清扫机器人由升降机器人、集控箱、自扫式清洗套装、擦式清洗套装组成。集合型多功能通风管道清扫机器人结合了集合型通风管道清洗机器人清扫吸尘二合一和多功能通风管道清扫机器人刷头自动升降、360°旋转的优势。清扫机器人刷头有两种：自扫式［图 3-8（b）］、擦式［图 3-8（c）］。自扫式刷头采用大功率清扫电机，动力强劲，可强力清扫污垢，结合负压吸尘器吸尘，清扫效果极佳，能一次性完成清洗和吸尘的清扫工作，符合扁平型、中型风管的清扫；擦式刷头对于积尘量少的风管及矩形风管顶面和两侧的清洗效率高。

(a) YX-QSR(X)-ⅢAD集合型　　　　(b) 自扫式刷头　　　　(c) 擦式刷头
多功能通风管道清洗机器人

图 3-8　YX-QSR（X）-ⅢAD 集合型多功能通风管道清洗机器人及刷头[65]

YX-QSR（X）-ⅢAD 集合型多功能通风管道清洗机器人主要用于医院、办公楼、宾馆场所方形风管的浮尘、非油性积尘等多种污垢的清洗。其主要技术参数见表 3-4。

表 3-4　YX-QSR（X）-ⅢAD 集合型多功能通风管道清洗机器人主要技术参数

机器人		集控器	
参数	数值	参数	数值
控制电压	DC 24 V	工作电压	AC 220 V
重量	14.2 kg	吸尘电机额定功率	3000 W
红外摄像头分辨率	600 线	吸尘口最大负压	22 kPa
爬坡能力	≤40°	吸尘马达风量	8 m³/min
行走速度	11.12 m/min	过滤器过滤精度	99.97%（0.3 μm 颗粒）
清洗高度	180～560 mm	机器重量	（80＋14.2）kg
适用管道	矩形风管	外形尺寸（长×宽×高）	770 mm×600 mm×1170 mm

亚欣集合型多功能通风管道清洗机器人具有以下功能。

（1）自动升降平台由长沙亚欣电器技术服务股份有限公司自主设计并获得专利，升降精度高。

（2）采用接触式负压清洗技术，通过负压集成设计与电子控制设计将现有清洗机器人的控制箱与集尘设备融合为一个整体，减少了设备的操作辅助性，简化了设备成本与施工时的人员投入，真正实现高效清洗。集清扫与负压吸尘于一体，工作过程无扬尘，也杜绝了二次污染隐患。

（3）集合型专利设计，管道收纳与机器人放置方便，实用性强，无须防护，随时作业。

（4）具有便利集中的操作界面，操控更加简单，轻松。

（5）采用 2 台 1.5 kW 吸尘电机，吸尘负压达到 20 kPa，额定风量 8 m³/min。

（6）过滤器安装和灰尘清理简单快捷。

（7）行走小车安装有前后 2 个高分辨率红外摄像头，可以及时观察机器人的工作状况，了解风管清洗情况。

（8）可以录制，输出和存储机器人工作视频。

除了主要适用于中小型矩形风管的 YX-QSR（X）-ⅢAD 集合型多功能通风管道清洗机器人，长沙亚欣电器技术服务股份有限公司还开发了主要用于各类分支小风管的清洗机器人：亚欣旋风一号［YX-QSR（X）-Ⅱ］，如图 3-9 所示。亚欣旋风一号采用人体工程学设计，让操作人员有顺手感和舒适性。该款机器人配备有可手动控制的大功率吸尘电机、高效过滤桶、自动正反转（减轻人工负荷）

设计、隔音通风设计、吸合式电路保护及性能稳定的 10 m 吸尘管。亚欣旋风一号可以用来做地下通风管道、新风管道、中央空调风管等场合的清洁应用，适用于圆形或矩形管道及超扁平管道。其主要技术参数见表 3-5。

图 3-9　亚欣旋风一号［YX-QSR（X）-Ⅱ］[66]

表 3-5　亚欣旋风一号通风管道清洗机器人主要技术参数

设计项目	技术参数
工作电压	AC 220 V
最大负压	20 kPa
转速	10~1500 r/min
吸尘电机功率	3000 W
驱动电机功率	245 W
工作距离	≤20 m
清洗高度	100~250 mm
粉尘类型	不可爆类浮尘及非油性积尘
适用风管类型	圆形、矩形、扁平，水平、垂直均可

安徽快通管道清洗科技有限公司根据管道清洗机的使用特点，在国际上首创了可抽出轴心式的软轴和常用、备用线路的设计，并获得了国家专利局的大力认

可。2009 年，该公司联合中国科技大学和合肥工业大学的多位教授成立国内专业型管道清洗研究所。目前，该公司已开发出了多款机器人系列：中央空调清洗机系列、油烟管道清洗机、风管清洗机系列、锅炉管道清洗机系列、凝结器管道清洗机系列等。其中，风管机器人 KT-988（图 3-10）是一台集清扫、负压吸尘、消毒及摄像等功能于一体的设备。整机小巧精致，重量仅 20 kg，单人多点操作并不难，在运输上也极为方便。KT-988 自带紫外线 + 臭氧消毒，实现了"机器人洗到哪，消毒就到哪"。其主要技术参数见表 3-6。

图 3-10　风管机器人 KT-988

表 3-6　风管机器人 KT-988 主要技术参数

设计项目	技术参数
工作电压	AC 220 V
工作电流	8 A
功率	1500 W
尺寸（长×宽×高）	600 mm×252 mm×252 mm
重量	20 kg
清洗速度	5.5 m/min
单次清洗距离	30 m
适用风管管径	宽≥400 mm；高≥200 mm

针对现在空调市场上风管灰尘多、难清洗、不易进入等特点，该公司还研发出了一款集清扫、照明、监控于一体的多功能清洗机——KT-966 集中空调通风管道清洗机器人，如图 3-11 所示，其主要优势如下。

（1）万向轮设计，360°随意转动：采用万向轮设计，可以前后、左右平移，360°转动，无须人工进入风管，智能清洗。

（2）全屏监控设计清扫无死角：控制柜上装有显示屏，高像素，视频清晰可见。

（3）前后高清监控摄像头＋照明灯：机器人前后设置了监控摄像头，360°无死角清洗，外加前后照明灯，不用担心风管内黑，看不见，扫不干净，看视频即可轻松除去灰尘。

（4）自由升降设计＋超大清洗尼龙刷：机器人高度及清洗宽度可根据需要调节，三只清洗刷同时旋转，侧壁及上下管道同时清洗无死角。

（5）便携式电源线＋推车式设计：电源线盘旋于小推车上，使得整体美观大方，小推车可以推拉，方便运输，推车拉杆是折叠式的，方便携带。

（6）手提加固箱体，绝不导电：控制柜采用手提式设计，携带方便，整体箱体加厚设计，可承重 100 kg，持续高承重无压力。

图 3-11　KT-966 集中空调通风管道清洗机器人

KT-966 集中空调通风管道清洗机器人主要技术参数见表 3-7。

表 3-7　KT-966 集中空调通风管道清洗机器人主要技术参数

设计项目	技术参数
工作电压	AC 220 V
工作电流	8 A
功率	200 W
机器人尺寸（长×宽×高）	370 mm×370 mm×300 mm～ 370 mm×370 mm×500 mm
重量	29 kg

续表

设计项目	技术参数
机器人爬行速度	5 m/min
单次清洗距离	20～50 m
适用风管管径	宽≥400 mm；高：300～800 mm
控制柜尺寸（长×宽×高）	400 mm×300 mm×305 mm
数据线直径	13 mm
数据线推车直径	380 mm
数据线推车高度	730 mm（最高）

　　还有一些企业在引进外国技术和设备的基础上开发出适用于中国空调通风系统国情的管道清洗、消毒技术和相关设备。

　　深圳市华源德实业有限公司 2003 年下半年引进了瑞典 Wintclean Air AB 公司的空调通风管道清洗机器人（Bandy-Ⅱ）系列设备。2005 年 3 月开始在瑞典 Wintclean Air AB 公司 Bandy-II 机器人的基础上研发了用于空调风管清洁及维护的 Bandy 系列机器人和与之标配的各种清洗设备（气动震动刷、横管清洗刷、竖管清洗刷、负压吸尘设备等）。例如，酒店宾馆专用管道清洗机器人 Bandy-E、矩形通风管道清洗机器人 Bandy-F、微型多功能清洗检测机器人 Bandy-U 等，这些产品主要是由坦克状的小车、显示器、录像机、控制箱及操控杆组成，外接交流电源经变压成直流 24 V，再经引线供给机器人，机器人可实现前进、倒退、转弯等操作。2010 年公司在 Bandy 系列机器人市场使用反馈良好的基础上又开发和研制了特别适合油烟管道清洗的 Bandy 油烟管道清洗机器人（Bandy-D）及油烟管道系列清洗设备。

　　还有些企业研发出一些新型的清洗技术，而这些清洗技术现在或者在不久的将来也是有应用到空调风管清洗行业中的巨大潜力的。例如，干冰清洗技术（CO_2 CleanTech）[67]。干冰喷射清洗技术是利用高压空气将颗粒状的干冰粒（颗粒的硬度非常低，为 2～3 莫氏硬度或更低，这意味着它们可以在不损坏表面的情况下进行清洁清洗工作）喷射到需要清洗的工作表面，利用温差的物理变化使不同的物质在不同的收缩速度下产生脱离。当 −78° 的干冰粒接触到污垢表面后会产生脆化爆炸现象，从而使污垢收缩及松脱，随之干冰粒会瞬间气化并且膨胀数百倍，产生强大的剥离力，将污垢快速、彻底地从工作表面脱落。干冰清洗技术改变了工业领域传统的化学和水清洗存在的种种弊端，尤其是避免了湿法清洗带来的二次污染问题。目前，这项技术已被应用到高科技、高可靠性和高容量制造操作中，包括了航空航天[68]、汽车喷射器[69]、轮胎模具[70]、电子设备和光学器件[71]、陶瓷文物清洗[72]、ITO（膜层的主要成分是氧化铟锡）导电玻璃清洗[73]等行业。

经过近 20 年的研发进展，目前我国的风管清洗国产设备在技术方面完全达到甚至超过国外设备，但是这并不表示我国的风管清洗技术达到国外同行水平。究其原因主要在于，第一，国外空调通风管道清洗从 20 世纪 70 年代末、80 年代初开始起步，现在已经累积了 40 多年的经验，其最大的优势不在于管道清洗机器人设备本身，而在于其空调工程和通风工程这两大工程施工的质量；第二，俗话说，巧妇难为无米之炊，的确，专业先进的风管清洗设备是空调风管清洗行业的基石，但最重要的还是"事在人为"——空调安装单位管理人员清洗意识是否强大，以及空调清洗机构操作施工队伍自身的职业素质和管理手段，也是决定我国空调通风系统清洗行业是否真正跟得上时代潮流的重要因素。这两大因素也足以说明，空调风管清洗行业虽然在我国 2003 年"非典"之后表现出巨大的发展潜力，但时至今日现实的市场情况却不为乐观。要想从根本上解决这一现状，除了国家相关政府部门加强监管和扶持，也需要百姓真正拥有空调健康和自身健康意识，更需要空调清洁行业从业人员自律、认真，真正做到[74]：①施工前做好明确的工作计划和方案；②施工中做好细致的工作安排和监督；③施工后提交详尽的工作报表和清洗前后对比照片及录像。

3.1.3　通风管道清洗机器人功能特点

空调系统的清洗尤其是空调通风管道系统的清洗一般是整项工作中的关键难点，因为通风管道一般安装在吊顶内，即使不在吊顶内，也因为通风管道都是密封连接的，这一结构特征决定了其清洗的不易性。长期运转或许久未做过清洗消毒的空调通风管道，尤其是国内一些"老龄建筑"，在其内经被证实的污染物包括灰尘、真菌、有害细菌、病毒、碳素、昆虫尸体和花粉等[75]。通风管道这一卫生死角，其需要清洗的工作区域面积远远大于相对易于清洗的机组面积，再者鉴于我国空调系统通风管道规格几乎没有统一标准，造成我国空调清洗行业潜力未被完全开发。目前，主流清洗方法是机械清洗法。具体操作是从机组的帆布软连接处将检测机器人或气动机器人放置在通风管道内，通过管道外的机器人操控箱控制通风管道内的清洗机器人，实现对风管的清洁。因此，对空调系统风管进行检测、清洗、消毒的需求，致使保养和维护空调通风管道的清洗机器人具有良好的应用前景和广泛的市场需求。

通风管道清洗机器人的作业对象主要是中央空调系统、新风系统和净化系统的通风管道。通风管道清洗机器人通过灵活的移动载体实现管内的行走，在行进的同时利用多种清扫和清洗作业工具对风管实施清扫和消毒，并收集清洁下来的污物，最后将清洁的过程和效果通过实时视频监控系统向用户进行反馈。

就主体结构特点而言，清洗机器人本体包括移动机构、清洁机构、检测和消毒装置,在行进过程中实现了对风道进行清洁、检测和消毒的一体化作业。一般管道清洗机器人在设计时是以具备"功能齐全、运动灵活、操作简便"为服务原则,但由于一些客观因素,目前国内外的管道清洗机器人也并不能做到一种设备"包打天下"。从设计原理上讲,每一种管道清洗机器人的设计方案都有其适用性;从工作效率上讲,每一种机器人都有其发挥的高效性。笔者将目前市场上一些主流的清洁通风管道清洗机器人的设计特性罗列出来,详见表 3-8[76]。要想更加高效地对空调系统通风管道进行净化,有时不仅需要"因地制宜"地对所需要净化的工作场所进行检测调研,甚至需要将多种设备、多种工艺进行组合。

表 3-8　各类清洗机器人设计功能特点

分类	设计上的优势	设计上的缺陷
磁吸附方式	不需要外加动力,吸附力持久,受工作条件影响较小	主要适用于金属表面,应用范围较小
真空吸附方式	应用范围较广,是主要的吸附方式	移动相对困难,容易因为漏气而失效
车轮式移动方式	转向方便,稳定性强,形式多样	越障能力不足
履带式移动方式	移动速度快、驱动力强、稳定性较强	转向能力差、越障能力较差
腿足式移动方式	越障能力较强、移动速度快	稳定性差,腿足间配合复杂
刷洗方式	直接作用于待清洗区域,对坚固污染物效果良好	对通风管道内表面有一定的损坏
抽吸方式	方式简单,对通风管道无损坏作用	主要针对干燥、轻质、颗粒小的污染物
喷射方式	对坚固、黏稠的污染物效果比较明显	射流压力需要控制,对通风管道内表面有一定的损坏
刮擦方式	清洗区域大,移动速度快、适用性强	容易因污染物的堆积而失去作用

3.1.4　通风管道清洗机器人关键技术

空调系统通风管道清洗机器人的诞生是为了取代人工,作用于黑暗、潮湿、结构复杂、人力无法触及的风管内,可以节约大部分人力和时间成本。这样一款集机械学、驱动技术、计算机技术、控制技术、传感器技术、通信技术、人工智能、材料科学和仿生学等多类学科于一身的智能化设备,从设计研发之初的举步维艰到如今清洗市场上的独当一面,是无数科学家和工程师的辛苦奋战换取而来的。

3.1.2 节介绍的世界上首台真正意义上的自主移动的智能机器人——Shakey the Robot,在创造之初也算是一台具有感知、建模、规划和控制能力的机器人,但当时的计算机还在 DOS 系统条件下运算,使得它诞生时的形象就像是一个弱不禁风、步履蹒跚、摇摇晃晃的老者,Shakey 之名便由此而来(取英文 Shake 摇摇晃晃之意)。

Shakey the Robot 的存在为日后机器人的大力发展奠定了坚定的基础，从 Shakey the Robot 到如今的机械人、无人驾驶、通风管道清洗机器人等，都是在"感知-建模-规划-执行"的架构下创立的。具体而言，智能机器人可以通过相关程序感知周围环境，根据明晰的事实来推断隐藏含义，构建模型，对运动路径进行规划到最终用实际动作给予支持。换言之，低级别动作程序掌控简单的移动、转向和路径规划；中级别的动作程序以各种方式串联各种低级别动作程序，从而完成更加复杂的任务；而最高级别的程序则能够定制和执行计划，从而实现用户给定的目标。这三个层次级别的动作程序中所蕴含着的关键技术并不是一蹴而就的，是需要一代代科学家和工程师经过苦心探索、逐步试验、针对性修改、反复验证后而最终攻克的。

1. 尺寸设计

国内为了节约建筑面积，大部分建筑物的中央空调风道很大比例上会以扁圆形为设计方案，且尺寸规格均属非标产品，从而为风管净化制造了重重障碍：设计出来的清洗机器人的尺寸难以界定，毛刷尺寸需要经常更换，风管过渡段易形成卫生死角等。早期的通风管道清洗机器人的外形尺寸甚至需要达到"应能够在 180 mm×250 mm 以上矩形风管或直径 300 mm 以上圆形风管内部对平面、凹凸、缝隙等处有效进行清洗工作"的技术要求[77]。这就需要通风管道清洗机器人不宜太小，也不宜太大。在一个未知的环境中，机器人的尺寸越小，虽然降低了其重量，但其难以克服在管道内行走时的阻力，还导致其适应能力变差，如爬坡能力骤降、易翻车；相对来说，机器人尺寸较大虽然受环境影响较小，但也需要面临四大技术难点[78]：①尺寸越大，质量相对而言也越重；②所需要的驱动电机也越大，成本越高；③本身重量越重易导致功率消耗越大，所需电流越大，一般的元器件可能无法满足其要求；④大功率的电机输出的转矩大，要求联轴器、轴承等部件相应地能够承受的负载也大，必然需要更复杂安全的机械设计。另外，对于通风管道清洗机器人，机器人尺寸设计宜与摄像头的尺寸、电机的尺寸及车载控制器的尺寸相配套[79]。

2. 行走方式的设计技术

目前，市场上主流机器人的行走方式主要分为三大类：履带式、车轮式、腿足式（关节型）。其中，前两种在通风管道清洗机器人中最为常见，第三种并不多见。直观上而言，履带式机器人对复杂地形有更好的适应能力，但对机械设计而言，不仅需要考虑轮胎和工作区域面是否充分接触，还需要考虑在经过斜坡时是否会沿着斜坡滑到坡底，除此之外，还需要考虑转弯打滑可能造成的履带经常脱落问题。车轮式机器人（一般商业用机器人≥4 个车轮）移动速率较快，适合于平坦的工作区域，但是容易打滑、不太平稳，且对复杂地形适应性差；此外，车轮半径不宜过大，否则其转动惯量也会相应增大，需要更大的转矩加以驱动。理论上而言，腿足式（关节型）机器人对复杂地形的适应能力最强，但腿足部分关节的机械设计和仿生驱动技术无疑是这一运动方式受到的最大挑战。目前为止，想要完成与现实世界中的关节具有相同自由度数的机械关节还是不太可能的。

3. 行进过程控制技术

通风管道清洗机器人在不同截面形状、不同管径以及管道衔接处的阶梯接口、锥形接口、圆弧弯道、"L"弯道、"T"或"Y"岔道内行进时会受到相当程度的几何约束（geometric constraint），其运动学特性也会因此受到运动约束（movement constraint）。而机器人行进过程中的几何约束和运动学特性需要用到机器人行进控制技术。举例说明，克服弯道障碍的技术设计目标是要求机器人能自如、平稳地通过弯道。要想实现这一弯道通过性目标，则必须满足几何约束和运动约束两个方面：机器人在管道内行进时，若不满足几何约束，则根本不可能通过弯道；满足几何约束而不满足运动约束，则会产生较大的动力"内耗"或发生"卡死"的现象[80]。为避免管道机器人动力在弯道处产生"内耗"[81]，要求管道机器人单元体在弯道范围内的运动是绕弯道曲率中心的转动。如果机器人运动控制技术不到位，可能会使管道机器人的单元体在通过弯道时被卡住或处于夹紧状态，使驱动力增加，一旦驱动电机输出过大而损坏驱动电机，还可能导致机器人"死"在管内的现象。

另外，轮式管道清洗机器人是一种搭载清洗系统，在管道内模仿普通汽车行进的机电一体化装置，在操作人员的控制下或自主完成管道清洗作业。在行进过程中，一般需要机器人具备直线行进能力[82]。轮式管道清洗机器人左右轮分别由一个电机驱动，依靠差速实现转向[83]。为防止管道清洗机器人在直线行进中出现"跑偏"，需要用到直线运行偏差控制技术。

4. 传感器技术

为了能让通风管道清洗机器人智能化地进行工作，必须对机器人的位置、速度、清洁工具姿态和系统内部状态等进行监控，还需要感知机器人所处的工作区域的静态、动态信息。要想实现这些目标，就需要传感器的发挥。开发传感器技术需要从机器人的服务方式着手。例如，速度传感器、加速度传感器、角速度传感器、任意位置角度传感器、特定位置角度传感器、倾斜角传感器、方位角传感器、视觉传感器[84]、触觉传感器、力觉传感器等。处在非结构化环境中的清洗机器人，必须协同使用多种传感器并将各种传感器信息有效结合起来进行信息融合来获取不同种类、不同状态的信息[85]。

5. 路径规划技术

移动式智能机器人的路径规划研究始于20世纪70年代,路径规划是移动机器人导航研究中的一个重要环节和课题。泛指的智能机器人的路径规划,其定义是给定智能机器人及其工作环境信息,按照某种优化指标(如距离、时间、角度、速度等),在起始点和目标点之间规划出一条与环境障碍物无碰撞的路径。目前,对这一技术的研究仍然十分活跃[86]。通风管道清洗机器人的工作任务就是遍历空调系统通风管道的各条管道支路,并在遍历全部管道的同时,避开空调通风管道中的障碍物,并控制清扫执行机构对空调通风管道进行全方位覆盖式的清扫。从通风管道清洗机器人的工作任务中不难看出,通风管道清洗机器人的路径规划显得格外重要。路径规划技术的应用可以对通风管道清洗机器人进行三个层次的指导:第一,通风管道清洗机器人选取一条最优或较优的底盘路径行进并遍历各条空调管道;第二,对通风管道清洗机器人执行机构进行位姿控制[87],达到对空调系统通风管道内壁进行全方位覆盖式清扫的目的;第三,通风管道清洗机器人在行进、清洗过程中可以避开管道中可能存在的障碍物。对比普通的智能机器人路径规划定义和通风管道清洗机器人路径规划定义(实则是机器人底盘路径规划与清扫执行机构的路径规划)可以看出,前者是探寻两个不同位置之间的最优路径问题,后者则是从起始点出发,遍历所有需要净化的通风管道,最后再回到起始点的路径规划问题。针对通风管道清洗机器人这种特殊的智能化移动式机器人,需要更加强有力的路径规划技术支撑。事实上,路径规划技术中也蕴含了机器人导航及避障技术。这项关键技术的开发须考虑到:①风管内存在的固有结构化的向内凸出的障碍物,如通风管道内部风管的支撑柱;②清扫执行机构的清扫路径必须贴近空调通风管道的内壁表面和支撑柱表面;③机器人底盘的行进过程与清扫执行机构路径规划的衔接问题[88]。

6. 摄像头立体成像技术

卫生行业标准《公共场所集中空调通风系统清洗消毒规范》(WS/T 396—2012)中指出,通风管道清洗机器人应带有摄像镜头,进入管道后可以实时显示风管内的情况,能够达到人视线无法触及的地方,做到实时监控和录像,以便在清洗工作完成后,将所有清洗过程制成影像资料,一则可以作为空调通风管道清洗效果评定依据,二则可以作为最终报告呈现给客户。摄像头立体成像技术的应用可以获得被成像物体的深度信息,最大限度地还原风管内部图像信息,这是平面图像所不能达到的。当然,摄像头在风管内部要想获取立体图像信息,辅助摄像的照明灯不可或缺(通风管道内光线很弱),其照明亮度和汇聚能力在符合摄像要求的基础上还得避免汇聚光线被管道内壁反射后导致摄像头图像饱和的问题。

7. 通信与控制技术

通风管道清洗机器人的通信与控制技术涉及控制器与主控制器，主控制器与 PC 图像终端，PC 图像终端与视频服务器之间的通信问题。而对于前两者，需要高效的通信协议，使其既能满足功能要求，又不占用过多的系统资源，通信与控制技术因此应满足以下要求[89]。

（1）结构简单，实用性和经济性好，且具有很高的可靠性和稳定性。

（2）处理速度快、抗干扰能力强，能进行多任务的实时处理。

（3）功能强、体积小、重量轻，便于扩展。

（4）软件开发设计方便，维护方便。

8. 智能化技术

目前，通风管道清洗机器人自动化水平并不高。在操作过程中，摄像机所提供的局部图像信息并没有与机器人的控制形成闭环，机器人的行进、清洗执行机构的调整需要人工遥控操作完成，但操作人员仅仅根据机器人反馈回来的风管内部信息是无法全面对机器人实行控制的[90]。

3.1.5　通风管道清洗机器人发展趋势

就国内现状而言，2003 年以来所使用的通风管道清洗机器人设备或技术几乎全部来源于国外同类产品[91]。虽然研究的通风管道清洗机器人很多，但真正成型并投入使用的并不是很多，产品和市场大都不成熟，而国外的相关产品大多功能单一，智能化水平低且使用成本高昂，出于国内市场的需求，近几年，许多学校和科研单位投入研制，如清华大学、哈尔滨工业大学、上海交通大学、东华大学、深圳大学、中国科学院兰州分院等，一系列低成本、高效率、比较实用的机器人相继投入市场。

笔者认为，现阶段通风管道清洗机器人的发展趋势如下。

（1）提高车载机器人车身的稳定性，清洁毛刷不易损坏，且保持高效率的清洗效率。

（2）采用高效率、高功率密度、高功率的空心杯电机，使机器人具有足够的动力。

（3）增强管道适应能力、延长清洁工作距离。

（4）移动机器人采用模块化设计，主要包括壳体模块、车体模块、机械手臂模块、传感器检测模块、功率驱动模块、解码器模块、机构执行模块及电源模块等，各功能模块可以自由组合，拆卸方便、维护简单。

（5）智能机器人路径规划以实现高覆盖率的清扫要求为技术目标。

（6）控制系统综合了环境感知、路径规划、3D 地图、避障、防跌落等技术[92-94]。这些技术在居家机器人吸尘器上累积了很多的实战经验，如德国凯驰公司的 RC3000 机器人吸尘器、科沃斯地宝 S-1 清洗机器人、三星 VC-RP30W 的机器人吸尘器、澳大利亚的 Floor Botics 公司研制的可自动行驶并打扫房间的 V4 型机器人、英国 Dyson 公司推出的型号为 DC06 的智能吸尘器，以及我国深圳市银星智能科技股份有限公司研发的保洁机器人 KV8-卡琳娜、重庆大学智能科学技术实验室研制的 BL001 室内清洗机器人等。

（7）带夜视功能的高性能彩色广角摄像头及自由探射各方位的灯。

（8）对通风管道清洗机器人的视觉系统加以研究，即机器视觉，探讨如何通过图像定位向机器人运动控制系统反馈目标或者自身的状态与位置信息，以及如何根据采集到的通风管道的内部情况，将灰尘的累积转化为对应的数字图像信息，并提取特征信息，以驱动机器人在管道内驻停，让清洁毛刷调整姿态进行清扫[95]。

（9）采用无线方式进行信号传输时须考虑到管道内传播信号的易屏蔽问题。

（10）采用有线方式进行信号传输时，为避免断线使通信中断造成清扫机器人失控的事故发生，不但要对线缆强度和机器人结构等作适当处理，在控制上亦应采取相应措施，需做到判断通信中断事件发生后及时报警[96]。

（11）配备消毒、净化设备，清扫工作完成后可对整个空调系统通风管道进行消毒和净化处理；在清洗后的空调系统内安装消毒设备，可以按照客户的需要随时对整个中央空调系统的过滤段到出风口进行整体消毒，去除空气中的细菌、病毒及尘埃颗粒[97]。

（12）结合 5G 高速通信技术，开发维护模块及管内空气监测设备，实现摄像头立体图像无误差传播，无延宕信息反馈，提供人为处理参考依据并及时处理故障，从而达到监测检测结果的最终目的。

随着科技的日益精进，通风管道清洗机器人会越来越高端化、智能化，从而将现代空调业推向深度绿色化。

3.2 颗粒物和积尘净化

3.2.1 颗粒物及其沉降规律

1. 通风管道内颗粒物

1）颗粒物定义及其危害

颗粒物（particulate matters）指的是气溶胶体系中均匀分散的各种固体或液体

微粒（微粒的粒径一般在 0.01～100 μm[98]）的总称。气溶胶是多相系统，由颗粒及气体组成，平常所见到的灰尘、烟、雾、霾等都属于气溶胶的范畴。颗粒物按照组成可划分为两大类，只含有无机成分的颗粒物称为无机颗粒物，含有有机成分的颗粒物称为有机颗粒物。当前，随着雾霾灾害的肆虐，引起人们广泛关注和重视的颗粒物分为两类：PM$_{10}$（inhalable particulate of 10 μm or less，可吸入颗粒物，有的外文书籍也用 coarse particulates 指代）和 PM$_{2.5}$（particulate matter 2.5，可入肺颗粒物，也称为细颗粒物）。前者指的是空气动力学当量粒径小于或等于 10 μm 的可吸入颗粒物，后者指的是空气动力学当量直径小于或等于 2.5 μm 的颗粒物。这里需要说明的是[99]，"空气动力学"是作为 PM$_{2.5}$ "直径"的修饰语，是不可或缺的，因为实际上空气中的颗粒物并不是规则的球状，测量其直径并非易事。在操作中，假如颗粒物在通过检测仪器时所表现出的空气动力学特征与直径小于或等于 2.5 μm 且密度为 1 g/cm^3 的球状颗粒一致时，就将这类颗粒物称为 PM$_{2.5}$。PM$_{2.5}$ 由于粒径更小，除了可以突破人体肺脏屏障，干扰肺部的气体交换，甚至能够渗入人体整个血液循环。相较于 PM$_{10}$，PM$_{2.5}$ 比表面积大，可以携带更多有毒有害物质（如有害气体、重金属等）溶解进入血液中。

20 世纪 90 年代美国进行的流行病学研究揭示了长期或短期暴露于高浓度 PM$_{10}$ 或 PM$_{2.5}$ 的环境中，人体多种健康指示如就诊率、呼吸系统发病率、肺活量降低和死亡率，均会有不同程度的增长。颗粒物对健康的影响包括从呼吸道发病率增加、病症加剧到未成年人死亡的危险性提高（预期寿命大为缩短），尤其是 PM$_{2.5}$ 的短期和长期暴露对于心血管发病和死亡有着显著的关系[100]。EPA 2009 年一项调查显示，长期暴露于 PM$_{2.5}$ 中还可能是癌症发病的一大重要原因。众多研究表明[101-105]，颗粒物在通风管道内随着空调通风系统的运行会对人体健康产生巨大的危害。

2）颗粒物相关标准

目前，仅仅针对空调通风系统风管中颗粒物浓度限值的相关标准还未制定出来，各个国家发布的颗粒物相关标准仍是以大气环境或室内空气环境质量为基准而发布的。这些制定的空气质量标准不仅对改善所处环境的空气质量和降低空气污染对健康的影响有重要意义，也对空调通风系统通风管道中颗粒物污染的控制和清洁起到重要的指导意义。

我国现行的国家标准《室内空气中可吸入颗粒物卫生标准》（GB/T 17095—1997）规定了建筑物室内空气污染物中的可吸入颗粒物 PM$_{10}$ 日平均最高容许浓度为 150 μg/m^3[106]。

2011 年末我国发生多次大范围雾霾事件，引起国内外的广泛关注，雾霾和 PM$_{2.5}$ 的概念被推到了百姓的面前，一度成为公众生产、生活的社会热点问题，更成为国内外科学研究的焦点问题。2012 年 2 月，中国首次制定了环境空气 $PM_{2.5}$ 浓度标准，$PM_{2.5}$ 浓度限值也正式纳入国家环境空气质量标准中，即国家标准《环境空气质量标准》（GB 3095—2012）[107]。该标准对环境空气提出了严格要求，空气质量达到优良时可吸入颗粒物 PM_{10} 的日平均允许浓度小于 150 μg/m³。相较于旧版本国标 GB 3095—1996，2012 年的新版本中增设了细颗粒物 $PM_{2.5}$ 的浓度限值监测指标。在新版本中规定，在环境空气功能区中的一类区（自然保护区、风景名胜区和其他需要特殊保护的区域），$PM_{2.5}$ 年均浓度不超过 15 μg/m³，24 h 平均浓度不超过 35 μg/m³；而与公众健康息息相关的居民区（二类区分为居住区、商业交通居民混合区、文化区、工业区和农村地区）中 $PM_{2.5}$ 年平均浓度不得超过 35 μg/m³，24 h 平均浓度不超过 75 μg/m³。

相关空气质量专家认为，新国标在 $PM_{2.5}$ 标准方面，对比 EPA 颁布的环境空气 $PM_{2.5}$ 修订标准[108]（表 3-9），标准值仍然偏低，甚至仅仅是达到 WHO 设定的最宽标准。按照目前 WHO 严格的空气质量准则值，健康的空气中，$PM_{2.5}$ 颗粒物日均浓度和年均浓度应该分别低于 25 μg/m³ 和 10 μg/m³[109]。值得一提的是，WHO 在研究后规定出的这一较为理想、对人体健康危险系数较小的颗粒物浓度限值标准值的确甚为严格，即使是部分发达国家，也难以立即实现。因此，WHO 在设定准则值的同时，又对 $PM_{2.5}$ 设立了三个分级的过渡时期目标值，而过渡时期目标值的要求比准则值相对宽松（24 h 平均浓度值从 75 μg/m³ 逐渐减少到 25 μg/m³，年平均浓度从 35 μg/m³ 逐渐降到 10 μg/m³）。WHO 认为，通过采取连续、不间断的污染控制措施，这些过渡时期目标值都是可以逐步实现的，过渡时期目标值有利于各国评估努力减少颗粒物浓度过程中所取得的进展。一些研究发现，如果超过 $PM_{2.5}$ 年度平均浓度值 10 μg/m³，人群中总死亡率、心肺疾病的死亡率和肺癌的死亡率会显著增加。例如，WHO 在 2005 年版 WHO Air Quality Guidelines 中也指出：当 $PM_{2.5}$ 年均浓度达到 35 μg/m³ 时，人的死亡风险比 10 μg/m³ 的情形增加约 15%；对 PM_{10} 而言，则是当 PM_{10} 年均浓度达到 70 μg/m³ 时，人的死亡风险比 20 μg/m³ 的情形也增加了约 15%[110]。

表 3-9　中国和美国 $PM_{2.5}$ 浓度与空气质量标准差异

PM2.5 指数	24 h 平均浓度数值/(μg/m³)		空气质量等级	
	中国①	美国	中国①	美国
0～50	0～35	0.0～12.0	一级（优）	好
51～100	35～75	12.1～35.4	二级（良）	中等
101～150	75～115	35.5～55.4	三级（轻度污染）	对敏感人群②不健康
151～200	115～150	55.5～150.4	四级（中度污染）	不健康

续表

PM$_{2.5}$ 指数	24 h 平均浓度数值/(μg/m³)		空气质量等级	
	中国①	美国	中国①	美国
201~300	150~250	150.5~250.4	五级（重度污染）	非常不健康
301~400	250~350	250.5~350.4	六级（严重污染）	有毒害
401~500	350~500	350.5~500.0		

①数据来源于我国环境保护部发布的《环境空气质量指数（AQI）技术规定（试行）》（HJ 633—2012）[111]。
国内一些 PM$_{2.5}$ 监测网上也同步使用了这一空气质量新标准，如 http://www.86kongqi.com/。
②敏感人群指的是老幼孕群体、呼吸道疾病群体、抵抗力较弱群体。

　　2008 年，欧洲议会和欧盟理事会（The European Parliament and the Council of the European Union）也通过了新的空气质量法令（2008/50/EC）[112]，开始严格监督和执行空气质量标准，对超标行为实施严厉惩罚。为方便读者比较一些世界发达国家或地区制定的环境空气 PM$_{2.5}$ 标准，笔者将美国、欧盟、日本、澳大利亚等国家及地区的环境空气 PM$_{2.5}$ 标准整理成表 3-10。

表 3-10　美国、欧盟、日本、澳大利亚等国家及地区的环境空气 PM$_{2.5}$ 标准

国家/地区	颁布时间		年平均浓度/(μg/m³)	24 h 平均浓度/(μg/m³)	备注
美国	2012 年		12	35	2012 年起年平均浓度由 15 μg/m³ 降至 12 μg/m³
欧盟	2008 年	目标浓度限值	25		2010 年 1 月 1 日起施行，并将于 2015 年 1 月 1 日起强制施行
		暴露浓度限值	20		2015 年起生效
		削减目标值	18		2020 年尽可能完成
日本	2009 年		15	35	
澳大利亚	2003 年		8	25	

2. 通风管道内颗粒物的沉降

　　目前，通风管道内颗粒物的沉积现象十分普遍且积尘污染程度较严峻，这是由于目前大多数通风系统均使用粗效过滤器，粗效过滤器只能过滤空气中约 40% 的可吸入颗粒物，一半以上的可吸入颗粒物会进入通风管道。颗粒物的沉积可以说是通风系统最为严重的一种污染成因，一方面，颗粒小的可吸入颗粒物相互联结成为大灰尘，积累在风管系统的底部和拐角，随着通风管道进入室内影响室内人员和设备的安全；另一方面，这些可吸入颗粒物有可能成为病毒的载体，使病

毒在通风管道内流动传播，产生交叉感染，若长时间疏于管理会引起病态建筑综合征。

空调系统内颗粒物粉尘分为附着在风管内壁的粉尘（附着粉尘）和悬浮在空调系统内的粉尘（悬浮粉尘）两大部分。悬浮粉尘浓度在空调启动时浓度达到最高值，因为空调启动时气流发生紊乱，附着粉尘有散播效应。这两种颗粒物粉尘浓度均会随着温度、湿度、室内外空气污染物浓度等因素变化而变化，且都会随着空调使用年限增长而提高。一般认为附着的颗粒物粉尘只要不参与室内外空气循环，则对室内可吸入颗粒物 PM_{10} 的影响不大；但当其累积到一定量时，在气流作用下送风口附近就会出现粉尘飞散污染室内空气的现象，造成"二次污染"。JADCA 曾经做过一项调查，结果显示送风风管底面的粉尘堆积量如果超过 5.0 g/m^2 就会发生粉尘飞散现象。同时调查结果还建议，风管的清洗应做到"防患于未然"：在粉尘堆积量达到 3.0 g/m^2（粉尘有飞散倾向的临界值）时，最好对通风管道实行清洗[113]。由此可见，需要加强对空调系统通风管道内的颗粒物粉尘在风管气流场中的运动行为（沉降）规律研究。

虽然人们对气溶胶科学与技术的研究已有 100 多年的历史了，但这些研究比较分散（例如，1827 年布朗运动的发现、1851 年斯托克斯阻力公式等），领域比较窄，直到 1955 年苏联 Фукс Н А 开创性的经典名著 *Механика Аэрозолей*（《气溶胶力学》[114]）开始，书中第一次提出了"气溶胶力学"的概念，将分散在不同学科和技术领域的研究进行统一，并独立成为一门新的学科体系。从此之后人们开始广泛讨论气溶胶的机械性质和运动统计性质。《气溶胶力学》一书中记载了在气溶胶中进行着的一个非常重要的过程——凝并（coagulation），凝并现象的发生是因为粒子在热运动（布朗运动）和不同外力作用下互相接触附着成为一个新的较大颗粒物的结果。同时，气溶胶的沉淀（沉降、沉积）还必须要经历另一个重要的过程，即在所有情况下都必须使运动着的粒子到达某个宏观表面，如地面、器壁、管壁，并黏附在其上。无论是凝并还是沉降其实都属于气溶胶力学体系范畴。

从上述两段介绍中不难看出，要想了解颗粒物的运动行为规律，必须对颗粒物在风管气流流场中的受力情况（所受力的种类及其作用量级）有一定的认识。颗粒物在风管气流流场中一般受到重力、浮力、惯性力、拖曳力、Saffman（萨夫曼）升力、附加质量力、Basset（巴塞特）力、布朗力、热泳力、Magnus（马格纳斯）力等。

（1）重力：在重力场中研究颗粒物的运动，由颗粒物自身的质量而产生。

（2）浮力：通风管道中的气溶胶颗粒物一直处于空气流中或是被空气携带着运动，浮力也始终作用在颗粒物上。对于颗粒在空气中的运动而言，浮力与重力之比的数量级为 10^{-3}，一般忽略不计。

（3）惯性力：指送、回风气流，热对流气流和人工搅动引起的气流，以及其他有一定流速的气流携带微粒运动的力。

（4）拖曳力：也称为曳力。当颗粒物与周围空气有相对运动时，颗粒物受到空气对它产生的一种作用力以减小彼此间的相对运动，这种作用力便被形象地称为拖曳力。简单来说，就是流体对颗粒物的阻力以减缓颗粒与气流之间的相对运动。

（5）Saffman 升力：当颗粒与空调通风管道内的气流流体存在速度差并且流体的速度梯度垂直于颗粒的运动方向时，由于颗粒两侧的流速不一样，会产生一由低速指向高速方向的升力，称为 Saffman 升力，以发现者 Saffman 命名[115]。Saffman 升力的本质其实是由于剪切流场中剪切流动而引起的升力。Saffman 升力在速度梯度较大的区域才能发挥作用，对边界层中颗粒运动的影响不容忽视。由于流场的速度梯度在主流区内很小，Saffman 升力在主流区对颗粒的影响可以忽略。

（6）附加质量力：当风管内颗粒以一定的加速度做加速运动时，它将带动其周围的气体流体一起运动，推动周围气流加速的力称为附加质量力。由于流体有惯性，表现出对颗粒一个反作用力。为了维持颗粒的运动，推动颗粒运动的力将大于颗粒本身的惯性力，就好像颗粒质量增加了一样。所以将这部分大于颗粒物本身惯性力的力叫作附加质量力。实验证明，附加质量力与重力之比的数量级也大约为 10^{-3}，通常也可忽略不计。

（7）Basset 力：风管中的颗粒在气流流场中作任意的变速直线运动时，除了作用在该颗粒上的附加质量力之外，因为流体本身黏性的影响，必定还存在一种黏性流体对颗粒作变速运动而增加的阻力，这种力便是 Basset 力[116, 117]。在一般情况下，颗粒受到的黏性流体的 Basset 力与重力之比的数量级在 10^{-3}，是拖曳力的 1/10，所以通常忽略不计。

（8）布朗力：风管中的空气分子无规则热运动随机撞击气溶胶颗粒物而造成颗粒物的无规则运动称为布朗运动。布朗力是为了考虑颗粒的布朗运动而作为一种力加入颗粒运动方程中的。对粒径很小的微粒子在短距离内的传输而言起主导作用，但对于粒径大于 0.1 μm 的颗粒来说，布朗扩散作用可以忽略不计。

（9）热泳力：在有温度梯度的气流流场中，在颗粒高温侧受到的热压力和气体分子碰撞比低温侧多。使颗粒由高温侧向低温侧运动的力通常称为热泳力。在热泳力的作用下，颗粒发生迁移的现象称为热泳现象。

（10）Magnus 力：当固体颗粒在气流流场中自身旋转时，会产生一种与流场的流动方向相垂直的由逆流侧指向顺流侧的力，这样一种作用力称为 Magnus 力，以发现者 Magnus 命名[118, 119]。

在《工程气固多相流动的理论及计算》[120]一书中，以直径分别为 1 μm、10 μm、

100 μm 的颗粒作为研究对象，在一定实验条件下分析它们在周期性脉动的平直气流中的受力情况。结果发现，在微米级以上相同粒径情况下，附加质量力、Saffman 升力相对于重力、拖曳力和 Basset 力而言，数量级极其微小，在风管中研究其沉降规律时可以忽略不计。在对颗粒进行受力分析后还发现，气流对颗粒的拖曳力是作用在颗粒上的最重要的力，对颗粒的运动起着主导作用。热泳力对直径很小（一般不大于 5 μm）的细小颗粒作用力的数量级和重力相当，对于较大的颗粒（直径≥10 μm）一般可以忽略。

　　了解颗粒在通风管道内的受力情况可以帮助我们研究气溶胶颗粒物在空调系统通风管道内的运动情况和传输机制。在自然界和一般工程中，流体的流态一般为湍流，层流的情况则比较少见[121]，就空调管道中的气体流态而言，湍流占据了主导地位，只是在管道入口、局部构件（如弯管、三通、风阀等）及局部构件后的管道中流体的流态为不完全发展流[122]。气溶胶颗粒物在空调系统通风管道内的运动是典型的气固两相流现象[123]。目前，从气溶胶力学研究的角度出发，针对空调系统通风管道内颗粒物的沉降规律研究，主要还是基于实验和模拟两种科学手段。

　　1957 年，Friedlander 和 Johnstone[124]以铁粉、铝粉、石松孢子粉三种粉状材料为颗粒物试样，实验研究了它们在气流湍流流态下的沉降特性。他们观测了实验粉尘颗粒在气流湍流流态下沉积在光滑表面（风管内壁）上的沉降速率，结果发现，颗粒物的沉降速率是一种"净速率"（net rate），跟颗粒物沉积速率（rate of deposition）和"夹带回流速率"（rate of re-entrainment）（可理解为"二次夹带速率""二次扬尘速率"，气流将已沉积的颗粒物从壁面"卷起"的速率）有关。但是，大部分条件下已沉积的颗粒物会保持黏附在管壁上的状态，这主要是受到了范德华力、静电力、表面张力等黏附力的影响；而颗粒物的"夹带回流"现象并不显著，除非通过这些颗粒物表面的气流速度足够快。

　　1967 年，Chamberlain[125]在野外和风洞中研究了石松孢子粉的沉降规律，并且还对一些其他更小粒径的颗粒物进行了风洞实验。他对这些实验颗粒物进行了辐射标记，即使是少量颗粒沉积在粗糙表面也是可以被探测出来的；还考察了表面粗糙度、表面黏性、颗粒物尺寸对颗粒沉积速率的影响。实验结果表明，对于尺寸在 1～5 μm 的固体颗粒物，影响其沉降的关键因素在于表面的微粗糙度（microroughness）而并不是表面黏性（stickiness）。除这篇文献之外，文献[126]、[127]和[128]也探讨了管道壁面材料的表面粗糙度对颗粒物沉降特性的影响，结果均显示与光滑的管道相比，管内壁的表面粗糙度会增加颗粒物气溶胶的沉降速率。从形成方式上来讲，管内壁的表面粗糙度可以来源于管道材料自身特性、腐蚀磨损引起的微尺度粗糙，或管道连接、管道碎片等造成的宏观粗糙。

　　1974 年，Liu 和 Agarwal[129]在垂直玻璃管道中进行了气溶胶微粒的沉积实验，采用荧光测量技术测量玻璃管表面气溶胶微粒的沉积量。研究结果表明，在扩散-碰撞区颗粒物的沉降随粒径和空气流速的增加而增加。

除了颗粒物粒径、气流强度及管壁粗糙度对颗粒物气溶胶的沉积速率有很重要的影响外，沉降面的构造（朝向、管段形式）也对沉降速率起着决定性的作用。Sippola[130]在劳伦斯伯克利国家实验室使用市面上通用的材料，建立了一个实验用的空调系统通风管道系统，并在这个系统中研究了空调系统中不同类型的管段（直管段、弯头段）内颗粒物的沉降情况。用同位素标记法对单分散气溶胶颗粒物进行标记，对沉降表面的荧光粉直接萃取测定得到矩形管道不同朝向内表面（顶面、底面、侧面）上气溶胶的沉降速率。

就实验方法而论，由于测试手段和测试条件的限制，多数工作还仅限于对宏观流体力学特性的观察和测定。但如果想要更加深入研究实际风管内气固两相流流动特性规律如流体间相互作用力，单纯依靠实验方法就比较困难了，这时就需要数值模拟技术来协同探讨空调风管中颗粒物气溶胶的流动特性。采用数值模拟手段可灵活改变工况参数对颗粒物的沉积进行预测，是理论研究的一种必要手段。

近年来数值模拟技术在空调系统通风管道颗粒物沉积方面的研究取得了一定进展[131-136]。数值模拟计算技术的应用一般需要用到以下几点假设[137]。

（1）忽略粒子间、粒子与流体间的热量传递和质量交换。

（2）当粒子接触到空调通风管道内表面时，都会被壁面捕集，无反弹。

（3）在粒子的迁移沉降过程中无粒子间的凝聚。

（4）所有的固体颗粒物粒子的形状均为刚性、球形。

在上述四点假设前提下，对于颗粒物沉积规律的研究主要基于欧拉模型和拉格朗日模型。欧拉模型是在欧拉坐标系下求解颗粒输运方程，将气溶胶颗粒与空气视为相互渗透的一体的连续介质。欧拉模型包括梯度扩散模型、自由滑翔模型和湍泳模型。拉格朗日模型是将流体视为连续相，颗粒视为离散相，将连续相与离散相二者分开进行处理。对于连续相，在欧拉坐标系下求解流场特性。对于离散相，在拉格朗日坐标系下应用牛顿第二定律跟踪每一个气溶胶颗粒在流场中的运动轨迹，通常认为颗粒的存在对流场湍流特性不构成影响[138]。

吴俊和赵彬[139]在三层模型[140]的基础上，提出了一种改进的欧拉模型，不仅考虑了布朗扩散作用、湍流扩散作用、重力沉降作用，还考虑了湍流泳作用。吴俊等将这个模型运用到计算风道内颗粒物的沉降速度、沉降量和穿透率。研究结果发现，颗粒在竖直壁面上的沉降速度随着粒径的增大先减小后增大最后趋于稳定，并且随着摩擦速度的增大而增大；在底面的沉降速度随着粒径的增大先减小后增大，但摩擦速度对其影响较小。他们还发现，在直管段内，随着颗粒直径的增大，风道的过滤作用先减小后增大；而对于弯管段，穿透率随着颗粒直径、空气流速的增大而减小。弯管数目上升或直管段长度延长,都会增强通风管道的过滤作用。通风管道的过滤作用在颗粒粒径大于 7.5 μm 时不可忽略。

陈光和王伟[141]采用拉格朗日模型对不同送风速度下,直径为 1～100 μm 的粒子在水平矩形光滑通风管道内的沉积情况进行了数值模拟,分析了送风速度和粒径对沉降速度的影响。结果表明,在水平管道中,一定范围内,颗粒物的沉降速度随着送风速度的增加而增大,且在相同送风状态下,粒子在管道底部的沉降速度高于侧面和顶部。在研究粒径对顶面和侧面沉降速度后发现,颗粒物粒径小于5 μm 时,在这两个壁面上沉降的速度基本一致;当粒径大于 10 μm 时,侧面的沉降速度呈现小幅度稳步的增长,而顶面的沉降速度却缓慢减小,直到粒径为 50 μm时,沉降速度开始急剧下降;当粒径为 100 μm 时,顶部的沉降速度趋于 0。

谷长城[142]以微粒向长直水平矩形风管垂直壁面上的扩散沉降为基础,建立了描述通风空调管道内尘粒向矩形风管顶面、垂直壁面和底面上沉降的数学模型,并提出了四点假设:①尘粒是刚性的;②粗糙凸起会引起速度分布"置换源"的存在;③尘粒在沉降过程中没有凝并的发生;④尘粒接触风管壁面即被表面捕获。按照一定的实验条件进行编程计算后得出微粒在风管底面沉降速度计算值与同样条件下的实验值吻合度相对高,但顶部和侧面这两种数值之间偏差较大。这是模型研究很难避免的,因为计算模型、各参数的选取与实际粒子实际受力情况不会完全一致,在理想化的模型条件下,实际颗粒沉降速度会与计算值之间存在误差。

张灿凤[143]以空调通风系统实际尺寸直管和弯管为几何模型,采用一定的模型对空调通风管道内的空气流场及颗粒物沉积情况进行了模拟。研究结果表明,当粒子粒径为 1～10 μm 时,颗粒主要受湍流扩散的影响,颗粒的沉积率都很小,主要处于悬浮状态。但是相比之下,矩形风管比圆形风管中的颗粒沉积率高,这是因为相同水力直径的矩形风管比圆形风管的捕捉面积大。所以从控制空调通风管道颗粒物污染的角度出发,应该尽可能选用圆形风管。

韩云龙等[144]在矩形断面通风管道无因次颗粒物沉积速率计算结果与相关实验数据验证的基础上,对弯头、变径、三通等通风管道结构内的颗粒物沉积进行了数值模拟。管道流动采用雷诺应力模型(RSM 湍流模型),并应用拉格朗日随机轨道模型描述气固两相流动中颗粒运动。结果表明,在研究颗粒物粒径范围内,直管段内底面的颗粒物沉积速率随粒径增大而增大,而垂直壁面和顶面的颗粒物沉积速率先随粒径增大而增大,但当粒径超过 10 μm 后开始下降。此外,弯头、变径及三通管段内颗粒物沉积率随斯托克斯数的增加而升高。当斯托克斯数小于 0.1 时,3 种管段结构内颗粒物沉积率都不高;但是当斯托克斯数大于 0.1 后,相同斯托克斯数时弯头内颗粒物沉积率最高,三通次之,变径最低。这是因为随着斯托克斯数增加,颗粒物粒径增加也即所受惯性力增大、管段结构变化较大导致气流方向变化很大，使大粒径颗粒物脱离流线撞击到壁面的概率增大，所以弯头及三通管内颗粒物沉积率较高。

韩云龙等除了探讨了不同管道结构对颗粒物沉积产生的影响，还探讨了通风管道内温、湿度对颗粒物沉积产生的影响。众所周知，空调是一个调节室内温度、湿度、空气流动速度和空气洁净度的装备，为了维持室内一定的温、湿度环境，通常空调系统内部有一个热湿交换的过程，经过热湿处理后的空气经由通风管道送往空调房间。因此，若管道保温措施不当，则气流与管壁间的温差产生的热泳力会加速颗粒的沉积[145, 146]。文献[147]、[148]中指出，即使气流与管壁之间存在一个小的温差也会加快颗粒的沉积。

韩云龙等[149]综合考虑了热泳力及湿度对颗粒物沉积的影响，选用矩形断面300 mm×200 mm 的通风管道，采用拉格朗日法随机轨道模型对完全发展湍流中的 3000 个颗粒沉积进行了模拟计算研究。研究结果发现：①集中式空调系统通风管道内高温送、回风气流与低温管壁形成温差较大时，热泳力会加速小颗粒（亚微米、纳米级颗粒）的沉积速率，并随温差增加有上升趋势；且随着空气相对湿度的提高，颗粒沉积速率也会相应增加；②通风管道内送、回风湿度的提高也会加快颗粒的沉积速率，若湿度较大，管壁上凝结的水珠甚至会增加局部微尺度粗糙度，进一步加速颗粒物沉积；③应当做好管道的保温措施，这样可以大大减弱热泳力和湿度对管道内颗粒物的沉降作用。

3.2.2　积尘净化

目前，我国市场上空调工程和通风工程中的通风管道一般设计和安装都比较复杂，常见的用于制作通风管道的材料有镀锌薄钢板、无机玻璃钢和复合玻纤板[150]。管道的截面形状多样（圆形、矩形、扁圆形等），管道口径也有大小之分，不同形状和不同管径的管道之间的构成有阶梯接口、锥形接口、圆弧弯道、"L"弯道、"T"或"Y"岔道等，与此同时，管内也会存在一些固有结构化的向内凸出的障碍物（风管支撑柱等），在这些结构因素的作用下，未被过滤的细小颗粒物会按照一定的沉降规律沉积在通风管道内表面。这是由于大多数中央空调、集中通风系统、洁净回风系统在对空气进行预过滤时一般采用的是初效过滤器（也称粗效过滤器或预过滤网），其过滤材料一般选用无纺布、尼龙网、活性炭滤材、金属网孔等。初效过滤器主要用于过滤粒径为 5 μm 以上的悬浮颗粒物粒子。因此，那些小粒径颗粒物便会随着空气气流直接进入通风管道内，在一系列作用力的作用下逐渐累积在管道内壁上，从而导致风管内壁粗糙元越来越分散，粗糙度也越来越大，必然会导致颗粒物气溶胶的积尘量越来越大，最终形成具有一定厚度的积尘[151, 152]，如图 3-12 所示。

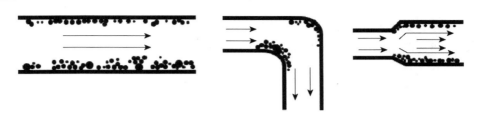

图 3-12　空调系统通风管道积尘示意图

针对空调系统通风管道内的积尘处理，通常需要采用检测、刷洗、污物收集、消毒、录像等联合作业的清洗方式[153]。具体清扫方法是将管道清洗清扫机器人放置在已开操作孔（清扫口）的风管内，在高速旋转的清洁毛刷清扫下，打散、剥离堆积在风管内表面上的尘埃，并借助负压吸尘器将清扫剥落下来的尘埃进行回收[154]。

对于风管积尘净化，在我国行业标准《公共场所集中空调通风系统清洗消毒规范》（WS/T 396—2012）中指出，风管内表面积尘残留量小于 1 g/m² 被认为是达到洁净标准的。想要实现这一标准值，对空调系统通风管道内的积尘进行净化是很有必要的。

目前市场上主流的积尘净化的方式主要有气动技术和软轴刷两种。在 3.1.2 节中，笔者介绍了一些国外通风管道清洗机器人的设计，其中瑞典的 Wintclean Air AB 和丹麦的 Danduct Clean 这两家公司设计的通风管道清洗机器人设备结构合理、整体配套齐全，同时也分别代表了两种截然不同的设计思想，如果从积尘净化角度来看，它们的设计思想一个代表了气动技术，而另一个则代表了电动软轴刷技术。

1. 气动技术

气动技术，全称气压传动与控制技术，主要是以压缩空气（空气是清洁介质，供给量充足、无须成本）作为工作介质来传递动力和控制信号，以驱动和控制各种设备实现过程机械化、自动化。气动技术具有高速高效、清洁安全、低成本、易维护等优点，常被应用于汽车制造、半导体制造、机床行业等轻工机械领域中，在食品包装、医疗设备、化工生产过程中也正在发挥越来越重要的作用。而气动技术应用面的扩大也是气动工业发展逐渐成熟的标志，在这些实际应用中最典型的应用代表要属工业机器。它可以代替人类的手腕、手及手指，正确并迅速地做抓取或放开等细微的动作[155]。

基于气动技术发展起来的气动清洗法是一种较为常见的清洗方法，是通过高压气体将管壁沉积粉尘搅动起来，然后利用风道清洗专用吸尘器将这些打松和搅动起来的颗粒及污染物吸走。它所清洗的管道尺寸最小能达到 80 mm，而且可以自由通过管道转弯，由于这种方法以气体为动力，基本上无工作半径限制，比较适用于狭窄管道的清洗。

瑞典 Wintclean Air AB 产品的全套设备中最具有特色的是 Bandy 型履带式机器人和 Scrubber 气动推进清洗机，其特点是采用气动技术来达到空调系统通风管道清扫的目的。其中 Bandy-Ⅱ型履带式机器人清扫作业工作如图 3-13 所示。以 Bandy-Ⅱ型机器人来说，这款机器人的电机是一台经过特殊设计的扁平式电机，这样设计的独到之处在于不仅可以为清扫机器人提供强大的动力来源，还能够使其结构紧凑，基本不需要维护。与清扫机器人配套的气动马达（由压缩空气提供动力）是清洗的动力源。相较于电机而言，气动马达的优势在于小巧、力量强大，同时还可以长时间连续工作、故障率低、不发热，也不存在漏电安全事故隐患。Wintclean Air AB 分别使用了两种不同的气动马达来清洗矩形和圆形通风管道。在清洗矩形管道时，清洁毛刷的转动方向与气动马达的转动方向成 90°，能使用的传动方式不外乎锥形伞齿轮和蜗轮蜗杆。Wintclean Air AB 采用了蜗轮蜗杆传动方式，这种设计相比较锥形伞齿轮传动方式设计，可以使两个毛刷之间无法被清洗的缝隙宽度大大减小，再经过毛刷的独特设计完全可以弥补这个缝隙。而在清洗圆形风管时，由于圆形管道不需要进行转动轴方向的改变，导致气动马达的转速差距高达十倍以上，必须采用不同设计的气动马达。

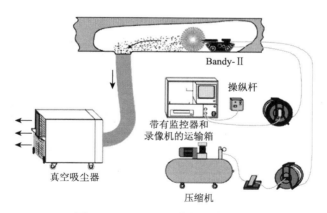

图 3-13　Bandy-Ⅱ型履带式机器人

Wintclean Air AB 产品中的 Scrubber 气动推进清洗机（管道洗刷机器）是由间歇的压缩空气为动力，可使毛刷在管道内自动前进和后退，同时产生动力后的尾气被排放到毛刷头部，增加了一个气鞭的清扫功能。主要动力部分只有 3 个零件，全部设备除去安装螺丝只有 5 个机械零件，而且根本不需要维护。通过适当适配器的使用，还可以应用到直径很小的圆形管道内，尺寸最小达到了 80 mm，而且可以自由通过管道转弯，由于其是以气体为动力，基本上无工作半径限制[156]。安装在洗刷器前端的空气软管帮助清除松动的污垢，再由带有微型过滤器的除尘器Wintvac 除去从通风管道内壁散落的所有污垢。

2. 电动软轴刷技术

电动软轴刷清洗是通过软轴驱动旋转刷旋转，将管道内壁的积尘打松和搅动起来，然后用风道清洗专用吸尘器将这些打松和搅动起来的尘粒和污染物吸走。

电动软轴刷清扫系统也是目前中央空调通风管道清洗的主要设备之一，对机器人难以进入的中小型通风管道可采用软轴刷进行清扫。软轴部分一般由强度高、柔韧性好的材料制作而成，这样设计能够使软轴沿风管内壁推进。针对管道截面不一、管径不同的风管可以选用合适的刷头。电动软轴刷的特点是操作简便、移动灵活、高效快捷、清洗范围广。

丹麦的 Danduct Clean 公司旗下的管道清洁机械电动毛刷系统 DC$_4$（Duct Cleaning machine & Brush systems-DC$_4$，毛刷部分是由 0.6/0.9 mm 聚丙烯物料组合而成）、DC$_5$（Duct Cleaning machine & Brush systems-DC$_5$）正是这一技术的典型代表，分别如图 3-14（a）、（b）所示。软轴清洁毛刷采用电机为动力驱动，虽然在很大程度上不如 Wintclean Air AB 的气动方式，但它同样也具有无噪声等优点。

(a) DC$_4$风管机械清洗仪　　　　　　　　(b) DC$_5$风管机械清洗仪

图 3-14　Danduct Clean 公司的两款风管机械清洗仪[57]

国内的深圳市清一智能技术有限公司根据现场施工中碰到小型风管和风机盘管所接的风管用清洗机器人无法清洗的情况下，开发出了一款实用型风管清洗设备——高速电动软轴清扫机，其型号为 AGT-R02，如图 3-15 所示。该款电动软轴清扫机采用电动软轴带动毛刷头高速运转（最高转速为 1200 r/min），把风管内的灰尘扬起，通过大功率的真空吸尘器把灰尘进行收集，从而达到清洗风管的效果。

AGT-R02 通过人工推进方式,可以非常方便
地进入各种大小不同的风管内进行清洗作
业,主要用于清洗机器人无法洗到的风管。
例如,风口部位、风管内交叉错乱的部位、
防火阀部位、风管转弯部位及大小型支风
管、风机盘管风管、圆形风管、异形风管等
部位进行清洗,效果优异。软轴能伸进管道
内 15 m,并配套有 3 种大小型号不一的毛刷
头(直径为 200～600 mm 系列毛刷 3 个),
毛刷头既可以正转、反转,也可以快转、慢
转,控制收放自如,实用性强[157]。

图 3-15　高速电动软轴清扫机 AGT-R02

3.3　微生物净化

3.3.1　净化喷剂

1. 概念厘清

集中空调微生物指标合格是保证空调送风质量的重要前提,也是反映集中空
调清洗效果的重要指标。

在生活场景中,随着人们使用清洁剂的频次越来越高,对清洁剂的安全及环
保要求也越来越多,常规的化学清洁剂去污能力确实很强,但是强腐蚀性及污染
性一直都是它的重大缺点,正是在这样的市场背景下诞生了微生物净化喷剂。

首先,我们需要厘清抗菌剂、抑菌剂、杀菌剂、灭菌剂这些不同喷剂的
概念。

抗菌剂:能够杀灭微生物或抑制其生长和繁殖的制剂。

抑菌剂:对细菌的生长繁殖有抑制作用,但不能将其杀死的制剂。

杀菌剂:用于杀灭细菌的化学或生物制剂。同类的制剂包括杀病毒剂、杀结
核杆菌剂、杀微生物剂、杀真菌剂、杀芽孢剂,在一起统称为生物杀灭剂。

灭菌剂:能够杀灭一切微生物,达到灭菌要求的制剂。

从定义可以看出,抗菌剂包括抑菌剂和杀菌剂,但抑菌剂不具有杀灭作用,
仅是抑制作用。抗菌和抑菌具有包含和被包含的关系,一定要理清两者的关系。

消毒是用物理的(蒸汽、煮沸、紫外线等)、化学的(如含氯消毒剂、过氧化
物消毒剂等)和生物的 [如益菌抑菌(beneficial bacteria bacteriostasis)等] 方法
杀灭病原微生物,以预防和控制传染病的发生、传播和蔓延。

从生物学和卫生学角度来看灭菌和消毒的话，灭菌是指对细菌、病毒、真菌、支原体、衣原体等的生命杀灭（包括抵抗力极强的细菌芽孢在内），具有绝对的意义；消毒则是指杀死物体上的病原微生物，在其过程中有一部分细菌或者病毒由于对热力或药力有抵抗性而不被破坏，即细菌芽孢和非病原微生物可能还是存活的，具有相对的意义[158]。简单归纳来说，灭菌能有效杀灭孢子；消毒并不能完全有效杀灭孢子。前者属于无菌范畴，要求更高更严格；后者则属于卫生范畴，只需要选用具有一定杀菌效力的消毒试剂。

2. 化学法净化

用于杀灭病原微生物的化学药物称为消毒药或化学消毒剂[159]。值得注意的是，消毒试剂在杀灭或抑制病原体的浓度下对人体也有损害，因此只能用于体表、器具、排泄物和周围环境等的消毒上。理想的消毒药应当是杀灭力强、价格低、无腐蚀、能保存、对人无毒或低毒的化学药品。不同的化学消毒剂，其作用原理也不完全相同，大致可归纳为以下三类。

（1）改变细胞膜通透性的化学药物。从化学结构上来看，这一类的化学消毒剂主要是表面活性剂，其中常用的是季铵盐类和双胍类，这类药物除了能清除物体表面油污等污物，还能吸附于微生物体表面，导致胞浆膜结构紊乱并干扰其正常功能，使小分子代谢物质溢出胞外，影响细胞传递活性和能量代谢，甚至引起细胞破裂。

（2）使微生物蛋白质变性或凝固的化学药物。酸、碱、醇类等有机物可改变蛋白质构型而扰乱多肽链的折叠方式，造成蛋白质改性。例如，乙醇、异丙醇、大多数重金属盐、氧化剂、醛类（甲醛、戊二醛等）和酸碱等。

（3）改变蛋白质与核酸功能基团的化学药物。化学药物中的有效因子作用于细菌胞内酶的功能基（如—SH 基）而改变或抑制其活性。这类物质主要有碘、氯、次氯酸钠、漂白粉、氯胺 T 等。它们的消毒作用是基于能够产生初生态氧（nascent oxygen，原子状态的氧），它可以破坏和干扰微生物酶系统进而起到杀灭病原体的作用。

3. 物理法净化

对空调系统通风管道的微生物净化来说，主要的应用手段包括紫外线和臭氧等消毒。

紫外线是一种低能量的电磁辐射，按紫外线的波长可以分为 A、B、C 三个波段，消毒使用的紫外线为 C 波段，波长范围在 200～280 nm，杀菌力最强的波段为 250～270 nm，紫外线灯管采用的波长为 253.7 nm。

紫外线消毒（ultraviolet disinfection）技术是在现代防疫学、医学、化学、机械学、电子学、流体力学和光动力学等科学的基础上，利用特殊设计的高效率、高强度和长寿命的紫外线照射，紫外线能穿透微生物的细胞壁和细胞质，破坏核酸（DNA 或 RNA）的分子键（核酸吸收紫外线光谱能量发生突变），使其失去复制能力或失去活性（复制、转录功能受阻），病原体微生物体内的蛋白质和酶的合成无法进行，从而将病原体微生物直接杀死，达到消毒的目的，且这种由紫外线引发的损伤是致死性损伤[160]。

在通风空调系统的微生物净化中，通常将紫外线消毒装置（紫外灯）安装在空调系统通风管道内，如此一来可向房间送入经过消毒的空气，预防交叉感染。普通液汞热阴极低压汞灯在环境温度 20℃、灯管壁温度 40℃时 253.7 nm 紫外线辐射量最大，环境温度低于 10℃或高于 40℃时，均使 253.7 nm 紫外线辐射量快速下降。同时，空气中的水分子和尘埃颗粒均会吸收紫外线，使紫外线穿透力大为下降，灭菌效果减弱。因此，总体而言，紫外线在温度 20～40℃、相对湿度至少低于 70%且空气含尘浓度较低的工况下消毒效果较好[161]。但使用紫外线消毒的场所通常是易发生微生物污染，或是环境空气相对湿度高于 80%、温度低于 20℃（如盘管后侧或凝水盘上面），或是含尘浓度过高（如空气过滤器前侧）的场所。另外，紫外线会使人造纤维滤料（包括过滤器密封垫）迅速降解，因此受紫外线辐照的过滤器应该采用玻璃纤维介质[162]。

另外需要说明的是，中央空调系统利用紫外线消毒虽然可以起到较好的效果，但气流中或风管内表面仍存在一些病原微生物如芽孢、真菌孢子等，对紫外线的抵抗力很强，不易被杀死，加之风管内照射法气流照射时间有限，不可能保证对所有微生物都有效。因此，在向室内提供空气的通风管道内安装紫外灯灭菌时，要使紫外灯的功率与通风管道的空气流量相匹配，确保灭菌效果；另外在一些对环境质量要求更高的场合，经过消毒的空气流必须再次经过高效过滤器除菌，方可送入房间，紫外灯绝对不能取代高效过滤器和室内压力控制器。

臭氧（O_3）分子是由 3 个氧原子组成的氧气的同素异形体，在常温常压下是有特殊气味的气体，高浓度臭氧呈微青色。臭氧的杀菌效果主要是利用臭氧具有强的氧化性（释放初生态氧）而体现的。臭氧可迅速融入细胞壁，在臭氧强氧化性作用下，病原体微生物细胞可以发生氧化反应，构成微生物的 RNA、DNA 等物质分解，从而导致微生物死亡，亦能破坏微生物孢子和病毒。当空气中的臭氧浓度达到 8～14 mg/L 时[163]，臭氧就可以起到杀菌作用。

臭氧对空气中的微生物的杀菌效果，一般受臭氧浓度、温度、湿度、无机物及有机物的存在等因素的影响。有研究表明，在相对湿度≤45%的环境中，臭氧对空气中的悬浮微生物几乎不起杀菌作用，但在相对湿度为 80%～90%时杀菌效果显著。另外，臭氧对病毒的灭活程度与臭氧浓度高度相关，而与接触时间关系不大。随温度的升高，臭氧的杀菌作用加强。但与其他消毒剂相比，臭氧的消毒效果受温度影响较小。

臭氧的性质极不稳定，只能边造边用，通常需要臭氧发生器。制造臭氧，可以用光化学法。此法一般采用紫外线臭氧发生器制造，其原理是利用光波中能量最强的紫外线照射氧气，使氧气分子（O_2）电离成单原子氧，并与 O_2 结合成臭氧分子。还可以使用电晕放电法，这是一种将含有 O_2 的干燥气体（氧气、空气或含有氮、CO_2、一些惰性气体等含氧混合气体）流经电晕放电区产生臭氧的方法。

目前，对于空调系统风管管道等，目前尚无合适的仪器或设备能够独立自主地完成臭氧消毒。未来可以设计出一款结构简单、使用方便的臭氧消毒机器人。笔者认为要解决的技术问题在于将臭氧发生单元（用于产生臭氧的部件）与行走单元有机地统一于一体，根据指令实现在管道内边行走边释放臭氧进行消毒。

3.3.2　其他净化技术

除了上述介绍的化学消毒喷剂、紫外线和臭氧灭杀技术，还有一些其他技术目前也得到了一些推广应用。例如，活性炭吸附技术，但是，利用活性炭的吸附原理只能吸附一部分细菌且去除率非常有限。下面介绍几种其他的能够消除或消灭细菌等微生物污染的技术。

1. 负离子技术

原子是由原子核与核外电子构成的。原子核是由带正电荷的质子和不带电的中子组成的，因此带正电荷；绕原子核运动的电子则带负电荷。因为原子的核电荷数与核外电子数相等，因此原子显电中性。当原子由于自身或外界作用得到或者失去一个或若干个电子形成一个带电微粒，即为离子。得到电子的带负电的离子便称为阴离子或负离子；失去电子的带正电的离子被称为阳离子或正离子。

一般情况下，空气中的分子呈电中性，在没有外界作用时，这些空气分子不太容易获得电子。可一旦这些空气分子在紫外线、辐射、雷电、物理冲击等条件下，有些较为活泼的空气分子外层电子会脱离原子核的束缚，变成自由电子，这些自由电子被中性分子捕捉后便可形成带负电荷的离子。同时，部分自由电子会进一步攻击其他中性分子，导致其他分子发生电离并继续给出电子并电离其他分子，犹如一链式反应般不断进行，从而可以持续产出负离子[164]。

负离子技术作为一种新型绿色的杀菌技术，目前正得到越来越多的关注。其作用原理是利用负离子很强的反应活性，去破坏微生物的细胞壁和细胞膜，并进一步破坏细胞质，最终导致微生物细胞结构解体死亡。负离子不仅可以直接作用于病原体微生物，还可以通过负离子除尘达到杀灭微生物的目的。

通风管道内的尘埃等带正电荷的颗粒物很容易被负离子吸附，使得这些尘粒凝并，成为大粒子沉降下来，从而达到负离子除尘的效果，尤其是对粒径小至 0.01 μm 的微粒和难以去除的飘尘如香烟烟雾、致敏微粒等的凝并效果明显，而这些颗粒物很大程度上都会携带一些细菌、真菌、病毒等，在消除颗粒物的同时也实现了对这些微生物污染的治理。另外，负离子还能够通过与细菌结合，使细菌组织构成发生改变，导致细菌死亡。

目前，国内已有负离子清洗机器人的相关报道[165-168]，虽然这些报道主要是集中在家用扫地机器人上，但未来与空调系统通风管道清洗机器人联用也是可以加以突破实现的。李文琪等[169]曾设计过一款具有自走吸尘与释放负离子功能的清洗机器人。吸尘模块包括集尘盒、负离子产生器及风扇。负离子产生器，顾名思义，其主要用于产生负离子，与其相邻的风扇产生气流，借由该气流的引导可将外部灰尘收集于集尘盒内；并且该气流亦可引导负离子离开负离子清洗机器人，作用于病原体微生物或者尘埃颗粒，达到除尘消毒杀菌的效果。

2. 银离子杀菌技术

在古代，人们就知道使用银质碗具可以较长时间保持牛奶、食品等不变质。这其实正是利用了银的杀菌原理。而银的杀菌其实就是利用溶解在水中极微量的银离子杀灭病原体微生物等。有科学数据称，每升水中只要含有一千亿分之二克的银离子，就能达到很好的杀菌效果了。

银离子就是银原子失去一个以上的电子，以离子态的状态存在，如 Ag^+、Ag^{2+}、Ag^{3+}。银离子随价位不同氧化活性不同，Ag^{2+} 和 Ag^{3+} 的银离子具有很高的氧化性，且 Ag^{2+} 具有更高的氧化还原电位。高氧化态银的还原势极高，所以一般称为活性银离子，足以使其周围空间产生原子氧，原子氧具有强氧化性，可以消灭细菌。

银离子的消毒机制一般认为有以下三个方面[170]。

（1）对微生物体内酶和氨基酸的作用。银离子首先吸附于细胞壁表面，破坏其部分生理功能，待银离子聚集量达到一定限度后，穿透细胞壁进入细胞内部，滞留在胞浆膜上，抑制胞浆膜内酶的活性，从而导致细菌等微生物的死亡[171]。银离子还可以与赖氨酸、精氨酸、半胱氨酸反应，使微生物的生物代谢活动受限。

（2）破坏微生物的屏障结构。银电解液可以极大地破坏细胞膜，使细胞膜松散、轮廓不清、胞膜破裂、胞质外漏，菌体随之被破坏[172]。

（3）破坏微生物的 DNA、RNA。银离子可以凝固核酸，使 DNA、RNA 分子产生交联，或者催化形成自由基，导致核酸分子上的化学键断裂；还可以通过凝固病毒蛋白质分子和束缚 DNA 分子上的供电子体，引起 DNA 核苷酸链的断裂从而导致病毒死亡。

当细菌被银离子杀死后，银离子又从细菌尸体中游离出来，再与其他菌落接触，周而复始地进行上述过程，这也是银杀菌持久性的原因。银离子杀菌技术是目前世界上一种先进的杀菌技术，近年来被三星电子、LG 等国际家电巨头投入数亿资金加以开发并推广应用在家用电器上。自然，该技术也可以应用在管道清洗机器人上，从而对管道内微生物污染进行净化处理。

3. 光触媒杀菌技术

光触媒（photocatalyst）是光（photo = light）和触媒（催化剂，catalyst）的合成词。光触媒是一种纳米级的、具有光催化功能的光半导体材料，涂布于基材表面，制成薄膜，在光线作用下产生强烈催化降解功效，不仅可以矿化降解环境污染物，还能够起到抑菌杀菌的作用。

纳米二氧化钛是一类常用的光催化材料，具有高催化活性、良好的化学稳定性等特点，是极具开发前景的绿色环保催化剂之一。

纳米二氧化钛光催化反应原理可表述如下：当纳米二氧化钛（TiO_2）吸收光能量之后，价带中的电子被激发到导带，形成带负电的高活性光生电子 e^-，同时在价带上产生带正电的光生空穴 h^+。在电场的作用下，电子与空穴发生分离，迁移到粒子表面的不同位置。热力学理论研究表明，分布在表面的 h^+ 可以将吸附在 TiO_2 表面的 OH^- 和 H_2O 分子氧化成羟基自由基（·OH），而羟基自由基的氧化能力非常强，能氧化并分解大部分细菌，还能氧化分解各种有机污染物（甲醛、苯、TVOC 等），最终将污染物降解为 CO_2 和 H_2O 等无害物质。

光触媒杀菌技术的杀菌机理主要有四种[173]。

（1）破坏细胞膜与细胞壁。微生物在光催化作用下细胞膜与细胞壁结构遭到破坏，引发细胞渗透性紊乱，易造成 K^+、Ca^{2+}、RNA 和蛋白质的外泄。

（2）干扰蛋白质的合成。菌体在失去细胞壁和细胞膜的保护屏障后，光催化反应生成的众多活性物质如 ·OH、·O^{2-} 等可以进入细胞内部，作用于酶系统，干扰相关蛋白质的合成。

（3）引发蛋白质变异和脂类分解。高活性羟基自由基可以破坏氨基酸和脂类的不饱和键或者抽取这些物质的 H 原子生成新的自由基进而引发链式反应。

（4）有机物矿化成 CO_2 和 H_2O。微生物体内的有机碳成分可被矿化成 CO_2 和 H_2O 导致菌体失活。

有研究表明，若在紫外线照射下，光催化的活性会加强。因此可以开发出光触媒杀菌紫外灯,并将其安装在通风管道清洗机器人上,可实现风管内部的杀菌净化。

3.4   气态污染物净化

3.4.1   净化喷剂

净化喷剂对通风管道空气中气态污染物的净化过程实质上是喷剂吸收液通过物理或化学方法吸收空气中污染物的过程,按吸收原理可以分为物理吸收和化学吸收两种。无论哪种吸收方式,污染物在气相侧的扩散与转移是无差异的,区别在于液相中是否生成了新的物质。若吸收液中仅发生污染物在溶剂中的溶解或分散而不伴有明显的化学反应过程,这种吸收方式即为物理吸收,如用水吸收甲醛、氨气等,物理吸收性能高低与污染物在溶剂中溶解、分散能力大小密切相关,主要受溶质和溶剂的性质,污染物浓度,以及使用环境的温度和压力影响。化学吸收是指污染物在液相侧与溶剂或溶剂中其他物质发生特异性作用形成新的物质,如碳酸氢钠溶液吸收 SO_2 或亚硫酸钠溶液吸收 O_3 等,需要指出的是化学吸收过程必须要合理设计,保证反应形成的新物质不会对环境或人类造成二次污染。化学吸收过程使污染物不再具有原来的化学或物理性质,从而达到消除污染、净化风管内空气的目标。

3.4.2   净化滤芯

1. 概念

净化滤芯是指具有过滤净化功能的专业过虑装置,空气净化滤芯是一种用来净化室内空气的空气过虑产品,该产品主要用于过虑室内空气中的污染物,是一种简便高效改善室内空气质量的产品。

2. 应用

(1)杨得全[174]设计发明了一种可以实现杀菌和净化有害气体的空气净化滤芯,其适用于中央空调空气净化装置的杀菌和有害气体去除。

杀菌除有害气体空气净化器滤芯,按进气顺序依次包括粗网、HEPA 颗粒物过滤网、纳米银及载体层、纳米氧化钛及载体层、紫外灯、紫外线光反射金属箔,纳米银及载体层、纳米氧化钛及载体层均设置透气微孔。所述的纳米氧化钛及载体层,是载体两侧涂有纳米氧化钛层结构。纳米氧化钛及载体层折叠成三角波浪形或皱褶，紫外灯贯穿于纳米氧化钛及载体层中部。提供的杀菌除有害气体空气净化器，通过空气迂回流动，更增加了空气的净化效果。

（2）白仁建等[175]为了解决单纯活性炭吸附寿命短、单纯电催化易产生二次污染、利用香薰等"遮蔽法"除臭技术带来的这些弊端，开发了一种基于硅基氧化除臭的空气净化滤芯装置，包括中部过滤层。研发的中部过滤层是由若干层硅基材质构成的高效净化层组成的，高效净化层为多孔结构，若干高效净化层配合形成 MSL 循环净化结构，即多重接触式净化结构。

（3）杜峰[176]针对单一功能材料如除甲醛催化氧化材料、VOCs 光催化材料、CO 催化氧化材料等材料对气态污染物分子具有选择性等不足，研发了一种多功能高效一体式空气污染处理材料，可用于空气净化领域净化滤芯上。考虑到在空调通风系统上的使用特性，这一材料可满足真实环境下一体式高效去除通风管道内多种空气污染物的要求，如对风管内 SO_2、NO_2、CO、甲醛、VOCs 等气态污染物可以实现快速去除的功效。这一空气污染处理材料配方由高比表面积活性炭载体、氧化钛纳米管催化成分、纳米非贵金属催化成分、纳米贵金属催化成分及高效抗菌组分所组成。

3.4.3 低温等离子体净化技术

"等离子体"是继固态、液态、气态之后的物质第四态，当外加电压达到气体的放电电压时，气体被击穿，产生包括电子、正离子、负离子、原子、自由基和中性粒子在内的混合电离气体。在这个体系中，因其总的正、负电荷数相等，故称为等离子体。另外，放电过程中虽然电子温度很高，但分子或原子类粒子的温度却较低，整个体系呈现低温状态，所以称为低温等离子体，又称为非平衡等离子体。

低温等离子体对空气中气态污染物的去除是通过两个途径实现的：第一，在电场的加速作用下，产生高能电子，当电子平均能量超过目标治理物分子化学键能时，分子键断裂，使其直接分解成单质原子或无害分子，达到消除气态污染物的目的；第二，在大量高能电子、离子、激发态粒子和氧自由基、氢氧自由基等作用下被氧化分解成无害产物，从而也可以达到消除气态污染物的目的[177, 178]。

在空调通风管道净化维护时，可考虑将气体净化装置置于风管内部，在通风系统和屋内空气内循环系统的辅助下，降解室内和管道内的气态污染物。但此时应考虑到尽量减小对通风管道内部气体流场的负面影响。王琨[179]针对甲醛降解设计了一套能置入建筑中央空调通风系统、辅助通风系统去除甲醛的实验装置。在其设计方案中，选择以筒式针-网电极作为电晕反应器的基本电极结构，如此设计，一方面可以减少对风管内部流场的阻挡作用，并且可以利用产生的离子风辅助风管内的气体驱动，另一方面可以达到去除甲醛的效果。

3.5　本　章　小　结

本章首先从重要性、发展现状、功能特点、关键技术和发展趋势等方面介绍了通风管道清洗机器人；接着介绍了通风管道内颗粒物、微生物和气态污染物的来源和分布情况，并有针对性地介绍了这些污染物的一些常用净化技术。例如，气动技术、电动软轴刷技术、净化喷剂、负离子技术、银离子杀菌技术、光触媒杀菌技术等。虽然我国现有的通风管道机器人净化技术还存在起步晚、发展时间短、经验不足、关键技术有待突破等问题，但笔者坚信随着科技进步并通过全社会的共同努力，这些问题都会得到妥善解决。

参 考 文 献

[1]　严慧芳. 中央空调内垃圾成吨 死老鼠蟑螂充斥其中[N/OL]. http：//www.people.com.cn/GB/huanbao/1075/2658673.html[2019-09-20].

[2]　刘璞，孔小平. 风管里竟有老鼠蟑螂 中央空调重度污染触目惊心[N]. 扬子晚报，[2005-07-16].

[3]　金义旻，马永生，徐士军. 中央空调藏污纳垢 管道有蟑螂死耗子？[N/OL]. 淮安新闻网，http：//ha.xdkb.net/2013-08/15/content_104314.htm[2019-09-20].

[4]　金鑫，韩旭，耿莉，等. 2006—2012 年我国公共场所集中空调通风系统嗜肺军团菌污染状况 meta 分析[J]. 环境与健康杂志，2015, 32（3）：225-230.

[5]　金银龙，刘凡，陈连生，等. 集中空调系统嗜肺军团菌扩散传播途径研究[J]. 环境与健康杂志，2010（3）：5-8.

[6]　胡元玮，徐卸佐，朱淑英，等. 公共场所中央空调系统军团菌污染环节的调查[J]. 中国卫生检验杂志，2010, 20（4）：879-880，900.

[7]　杨娟，马智龙，蔡震. 泰州市 116 份公共场所集中空调冷却水嗜肺军团菌监测结果[J]. 现代预防医学，2016, 43（13）：2336-2339.

[8]　王玉，贺士军，杨汶桢，等. 贵阳市某医院疑似嗜肺军团菌合并流感病毒感染暴发疫情的调查报告[J]. 安徽预防医学杂志，2019, 25（1）：33-35.

[9]　O'Mahony M C，Stanwell-Smith R E，Tillett H E，et al. The stafford outbreak of legionnaires' disease[J]. Epidemiology and Infection，2009，104（3）：361-380.

[10]　Dondero T J，Renddtorff R C，Mallison G，et al. An outbreak of Legionnaires' disease associated with a contaminated air-conditioning cooling tower[J]. New England Journal of Medicine，980，302（7）：365-370.

[11]　Zhang B Y，Liu F，Chen X D. The effect of legionella pneumophila contamination in the surface dust of the air ducts of central air conditioning systemson indoor air quality[J]. International Journal of Ventilation，2015，14（3）：231-240.

[12]　中华人民共和国国家质量监督检验检疫总局. 空调通风系统清洗规范（GB 19210—2003）[S]. 北京：中国标准出版社，2003.

[13]　中华人民共和国卫生部. 卫生部关于印发《公共场所集中空调通风系统卫生规范》的通知（卫法监发〔2003〕225 号）[EB/OL]. http://www.nhc.gov.cn/bgt/pw10302/200708/9aebd8481e774f42b1169651b4573571.shtml [2019-09-20].

[14]　中华人民共和国建设部，中华人民共和国国家质量监督检验检疫总局. 空调通风系统运行管理规范（GB 50365—2005）[S]. 北京：中国建筑工业出版社，2006.

[15]　中华人民共和国卫生部. 公共场所集中空调通风系统卫生规范（WS 394—2012）[S]. 北京：中国标准出版社，2013.

[16]　中华人民共和国卫生部. 公共场所集中空调通风系统卫生学评价规范（WS/T 395—2012）[S]. 北京：中国标准出版社，2013.

[17]　中华人民共和国卫生部. 公共场所集中空调通风系统清洗消毒规范（WS/T 396—2012）[S]. 北京：中国标准出版社，2013.

[18]　中华人民共和国卫生部. 关于发布《公共场所集中空调通风系统卫生规范》等 3 项卫生行业标准的通告（卫通〔2012〕16 号）[EB/OL]. http://www.gieha.org/zcfgxq?article_id=79[2019-09-20].

[19]　李恒武. 一种自适应型空调管道清洗机器人的结构研制与运动分析[D]. 武汉：武汉理工大学，2011.

[20]　廖凤英. 油烟管道清洗机器人机械系统设计与研究[D]. 上海：东华大学，2009.

[21]　李帅衡. 履带式管道机器人的结构设计与运动学分析[J]. 价值工程，2019，38（24）：197-199.

[22]　罗继曼，刘思远. 基于流固耦合的管道机器人清淤装置外载荷参数优化[J]. 机械与电子，2018，36（11）：71-75.

[23]　于今，闫军涛，饶冀. 一种新型多吸盘壁面清洗机器人模型研究[J]. 液压与气动，2007（3）：10-13.

[24]　Zhu Q，Sun W，Zhou Z W，et al. Path planning for the chassis of duct-cleaning robot based on ant colony algorithm[J]. Applied Mechanics and Materials，2012，190-191：715-718.

[25]　Laifang Z，Wei S，Minghua O，et al. Obstacle detection method for duct cleaning robot combining optical flow and artificial potential field[J]. Computer Engineering and Applications，2016.

[26]　任建华，李文超，赵凯龙，等. 移动机器人路径规划方法研究[J]. 机电技术，2019（4）：26-29.

[27]　李淑霞，杨俊成. 一种室内清扫机器人路径规划算法[J]. 计算机系统应用，2014，23（9）：170-172.

[28]　杨军亮. 油烟管道清洗机器人控制系统设计与研究[D]. 上海：东华大学，2009.

[29]　于笑凡. 基于 FPGA 的中央空调管道清洗机器人设计[J]. 仪表技术，2011（11）：37-39.

[30]　Koh K C，Choi H J，Kim J S，et al. Sensor-based navigation of air duct inspection mobile robots[J]. Optomechatronic Systems，2001，4190：202-211.

[31]　冯冠华. 高压水喷射装置对自来水管道清洗机器人运动性能影响研究[D]. 沈阳：沈阳理工大学，2017.

[32]　陶茂林，隋春平，陈月玲. 光传输管道清洗机器人高精度自主行走问题研究[J]. 制造业自动化，2016，38（5）：52-55，65.

[33]　Bubanja M，Markus M M，Djukanovic M，et al. Robot for Cleaning Ventilation Duct//Karabegović I. New Technologies，Development and Application[M]. Springer International Publishing，Switzerland，2018.

[34]　毛立民. 通风管道清洗机器人专利技术研究与应用[J]. 清洗世界，2004（5）：58-60.

[35]　Wang Y，Zhang J H. Autonomous air duct cleaning robot system[J]. 2006 49th IEEE International Midwest Symposium on Circuits and Systems，2006，1：511-513.

[36]　蔡长亮. 基于 Pro/E 与 RecurDyn 的履带式管道清洗机器人的联合仿真[J]. 制造业自动化，2014，36（21）：53-56.

[37]　刘晓洪，郑毅，高隽恺，等. 新型蠕动式气动微型管道机器人[J]. 液压气动与密封，2007（1）：16-18.

[38]　李钊. 基于压电惯性冲击驱动的支撑机构可调式微管道机器人研究[D]. 上海：华东理工大学，2016.

[39]　王文飞. 流体驱动式管道机器人驱动特性研究[D]. 哈尔滨：哈尔滨工业大学，2011.

[40]　巩铎，曹祥，陈楚坪，等. 通风管道清扫机器人的开发设计[J]. 硅谷，2014（14）：13-14.

[41]　李亚萍. 物业环境美容技术手册[M.] 武汉：华中科技大学出版社，2013.

[42]　任仁凯，钱伟行，彭晨，等. 信息双向融合的机器人协同导航方法[J]. 传感器与微系统，2016，35（8）：40-43.

[43]　SRI International. SRI International's Shakey the Robot to be Honored with "IEEE Milestone" at the Computer History Museum[EB/OL]. https：//www.sri.com/newsroom/press-releases/sri-internationals-shakey-robot-be-honored-ieee-milestone-computer-history[2019-09-30].

[44]　Driscoll E B. Shakey—A 1960'S Predecessor to Today's Advanced Robotics[N/OL]. https：//www.nutsvolts.com/magazine/article/micro_memories_200409#content-extras[2019-09-30].

[45]　徐小云. 管道检测机器人系统及其基于模糊神经网络控制的研究[D]. 上海：上海交通大学，2003.

[46]　Jones J L，Mack N E，Nugent D M，et al. Autonomous floor-cleaning robot[P]. US Patent：US7571511B2，2009-08-11.

[47]　Baeten J，Donné K，Boedrij S，et al. Autonomous Fruit Picking Machine：A Robotic Apple Harvester[J]. Field and Service Robotics：531-539.

[48]　Bubanja M，Djukanovic M，Mijanovic-Markus M，et al. Control of Robot for Ventilation Duct Cleaning[M]//Avdaković S. Advanced Technologies，Systems，and Applications Ⅲ：Proceedings of the International Symposium on Innovative and Interdisciplinary Applications of Advanced Technologies（IAT）. Springer Nature，Switzerland.

[49]　Wang Y X，Su J B. Rapid cascade condition assessment of ductwork via robot vision[J]. Optical Engineering，2012，51（2）：027201.

[50]　Michael N，Shen S J，Mohta K，et al. Collaborative mapping of an earthquake-damaged building via ground and aerial robots[J]. Journal of Field Report，2012，29（5）：832-841.

[51]　Wang X Y，Tao Y F，Tao X D，et al. An original design of remote robot-assisted intubation system[J]. Scientific Reports，2018，8：13403.

[52]　Goel V，Raj H，Muthigi K，et al. Development of Human Detection System for Security and Military Applications[M]//Nath V，Mandal J. Proceedings of the Third International Conference on Microelectronics，Computing and Communication Systems. Lecture Notes in Electrical Engineering，2019，Springer Nature，Singapore.

[53]　日本空調システムクリーニング協会. 空調用ダクト清掃技術評価制度[EB/OL]. http：//www.jadca.jp/info/hyouka/index.html[2019-12-01].

[54]　Inside Edition. Hidden Camera Investigation Reveals Technician Charging $700 For Easy Air Vent Fix[N/OL]. https：//www.insideedition.com/headlines/12810-hidden-camera-investigation-reveals-technician-charging-700-for-easy-air-vent-fix[2019-09-30].

[55]　韩康康，徐文华. 关于集中式空调通风系统清洗若干问题的思考[J]. 洁净与空调技术，2006（3）：31-34，38.

[56]　王小红. 基于模糊控制的风管清洁机器人避碰研究[D]. 青岛：中国海洋大学，2008.

[57]　Danduct Clean 公司. Multi Purpose robot Ductcleaner-MPR[ER/OL]. https：//www.danduct.com/ventilation-duct-cleaning/dry-ductcleaner-equipment/multi-purpose-robot-ductcleaner-mpr[2021-04-16].

[58]　北京楚齐科技有限责任公司. 瑞典 WINTCLEANAIR AB 公司 BANDY—Ⅱ机器人[ER/OL]. https：//thc817.cn.china.cn/supply/3778735787.html[2021-08-22].

[59]　Jetty Robot. Introducing JettyRobot Technology[ER/OL]. https：//www.jettyrobot.com/technology/[2021-4-16].

[60]　宋常青. 我国研制成功管道清洁机器人系统[N]. 新华网，[2004-09-02].

[61]　宋章军，陈恳，杨向东，等. 通风管道智能清污机器人 MDCR-I 的研制与开发[J]. 机器人，2005（2）：142-146.

[62] 毛立民，李恩光. 自主变位四履带足机器人行走机构[P]. 中国专利：1292319A，2001-04-25.

[63] 金松，毛立民，过玉清，等. 非等径、变截面管道清洗机器人控制系统研究[J]. 电气传动，2006（7）：26-29.

[64] 毛立民. 通风除尘管道清洗机器人的开发[J]. 清洗世界，2005，21（12）：23-27.

[65] 长沙亚欣电器技术服务股份有限公司. 亚欣集合型多功能风管清扫机器人[EB/OL]. https://www.yaxinshiye.com/html/product/pt/800.html[2018-05-09].

[66] 长沙亚欣电器技术服务股份有限公司. 亚欣旋风一号（支风管清洗机）[EB/OL]. https://www.yaxinshiye.com/html/product/pt/11.html[2014-08-30].

[67] 吕平. 干冰微粒喷射技术综述[J]. 真空科学与技术学报，2016，36（8）：955-961.

[68] 张洪瑞. 飞机管件高清洁度清洗设备设计与仿真[D]. 沈阳：沈阳航空航天大学，2016.

[69] 锡洪鹏，李志良，曹繁云，等. 浅谈干冰清洗技术在汽车制造中的应用[J]. 现代涂料与涂装，2017，20（11）：50-51，69.

[70] 王超群. 激光和干冰清洗轮胎模具技术与应用[J]. 轮胎工业，2018，38（10）：579-582.

[71] 常琳，郑子川，姜云健. 基于专利分析的电力设备干冰清洗技术[J]. 科技与创新，2017（10）：25-26.

[72] 戴维康. 干冰清洗技术应用于陶瓷文物清洗的探索研究[J]. 文物保护与考古科学，2015，27（1）：116-120.

[73] 齐童，李军建，李树林. 干冰微粒喷射法清洗 ITO 玻璃的研究[J]. 半导体光电，2008（2）：231-234.

[74] 杨雄. 风管清洗机器人国产化研究及应用[J]. 清洗世界，2004（11）：37-40.

[75] 范林. 中央空调风管清洗改善室内空气品质[J]. 清洗世界，2004（4）：14-18.

[76] 周利坤，刘宏昭，李悦. 清洗机器人研究现状与关键技术综述[J]. 机械科学与技术，2014，33（5）：635-672.

[77] 中华人民共和国卫生部. 公共场所集中空调通风系统清洗规范（卫监督发〔2006〕58号）[Z]. 2006.

[78] 程晨. 自律型机器人制作入门：基于 Arduino[M]. 北京：北京航空航天大学出版社，2013.

[79] 蔡自兴. 机器人学[M]. 北京：清华大学出版社，2000.

[80] 许冯平，邓宗全. 管道机器人在弯道处通过性的研究[J]. 机器人，2004，26（2）：55-60.

[81] 邓宗全，姜生元. 三轴差速器及其在管道机器人驱动系统中的应用研究[J]. 中国机械工程，2002，13（10）：875-878.

[82] 周仁，雍歧卫，税爱社，等. 管道机器人直线行进过程中多模式模糊 PID 控制[J]. 后勤工程学院学报，2014，30（5）：91-96.

[83] 曹建树，林立，李杨，等. 油气管道机器人技术研发进展[J]. 油气储运，2013，32（1）：1-7.

[84] 陈会鸽. 基于机器视觉的中央空调风管清洁机器人测控系统研究[D]. 郑州：河南工业大学，2010.

[85] 马平，吕锋，杜海莲，等. 多传感器信息融合基本原理及应用[J]. 控制工程，2006（1）：48-51.

[86] 王茂森，戴劲松，祁艳飞. 智能机器人技术[M]. 北京：国防工业出版社，2015.

[87] 宋章军，陈恳，杨向东. 基于红外测距传感器信息的通风管道清扫机器人控制算法研究[J]. 制造业自动化，2006，28（5）：44-47，71.

[88] 朱茜. 风管清扫机器人的路径规划方法研究[D]. 长沙：湖南大学，2013.

[89] 李理，张德惠，杜连利. 我国中央空调风管清洗机器人的关键技术和发展趋势[J]. 内蒙古民族大学学报（自然科学版），2009，24（3）：311-312，317.

[90] 高浩天. 浅谈中央空调风管清洁机器人实现的若干问题及解决方案[J]. 大科技，2016（6）：256.

[91] 崔建波，高丽萍. 集中空调风道清洗现状与前景分析[J]. 清洗世界，2004（9）：25-26.

[92] 李金山. 基于清洁机器人传感技术研究[D]. 哈尔滨：哈尔滨工程大学，2005.

[93] 邓宝林. 清洁机器人避障控制系统的研究[D]. 哈尔滨：哈尔滨工程大学，2005.

[94] 吴秋轩，曹广益. 家用服务型吸尘机器人的发展与现状[J]. 电气传动自动化，2003，25（6）：1-4.

[95] 陈会鸽. 基于机器视觉的中央空调风管清洁机器人测控系统研究[D]. 郑州：河南工业大学，2010.

[96] 韩晓明，车立新，谢霄鹏，等. 中央空调管道清扫机器人的设计[J]. 机械，2005，32（1）：39-41.

[97] 谭定忠，王启明，李金山，等. 清洁机器人研究发展现状[J]. 机械工程师，2004（6）：35-37.

[98] 陈博. 北京地区典型城市绿地对 $PM_{2.5}$ 等颗粒物浓度及化学组成影响研究[D]. 北京：北京林业大学，2016.

[99] 白朝旭. 家用空调通过 IFD 装置去除 $PM_{2.5}$ 的技术研究[J]. 家电科技，2014（8）：58-60.

[100] 狂想曲. $PM_{2.5}$ 浓度标准是如何分类的？国内外 $PM_{2.5}$ 浓度标准对比[EB/OL]. http：//www.15lu.com/shijie/10784.html[2019-09-19].

[101] Park J H，Yoon K Y，Noh K C，et al. Removal of $PM_{2.5}$ entering through the ventilation duct in an automobile using a carbon fiber ionizer-assisted cabin air filter[J]. Journal of Aerosol Science，2010，41（10）：935-943.

[102] MacIntosh D L，Myatt T A，Ludwig J F，et al. Whole house particle removal and clean air delivery rates for in-duct and portable ventilation systems[J]. Journal of the Air and Waste Management Association，2008，58（11）：1471-1482.

[103] Martins N R，da Graça G C. Impact of outdoor $PM_{2.5}$ on natural ventilation usability in California's nondomestic buildings[J]. Applied Energy，2017，189：711-724.

[104] SeppĘnen O. Ventilation strategies for good indoor air quality and energy efficiency[J]. International Journal of Ventilation，2008，6（4）：297-306.

[105] Wang F，Zhou Y Y，Meng D，et al. Heavy metal characteristics and health risk assessment of $PM_{2.5}$ in three residential homes during winter in Nanjing，China[J]. Building and Environment，2018，143：339-348.

[106] 国家技术监督局，中华人民共和国卫生部. 室内空气中可吸入颗粒物卫生标准（GB/T 17095—1997）[S]. 北京：中国标准出版社，2004.

[107] 中华人民共和国国家质量监督检验检疫总局，中国国家标准化管理委员会. 环境空气质量标准（GB3095—2012）[S]. 北京：中国环境科学出版社，2016.

[108] U. S. Environmental Protection Agency（USEPA）. Revised Air Quality Standards for Particle Pollution And Updates to The Air Quality Index（AQI）[EB/OL]. https://www.epa.gov/sites/production/files/2016-04/documents/2012_aqi_factsheet.pdf[2019-09-10].

[109] World Health Organization. WHO Air Quality Guidelines for Particulate Matter，Ozone，Nitrogen Dioxide and Sulfur Dioxide[EB/OL]. https：//apps.who.int/iris/handle/10665/69477[2019-09-10].

[110] World Health Organization. Air Quality Guidelines-Global Update 2005：Particulate Matter，Ozone，Nitrogen Dioxide and Sulfur Dioxide[M]. WHO Press，Geneva，Switzerland，2005.

[111] 中华人民共和国环境保护部. 环境空气质量指数（AQI）技术规定（试行）（HJ 633—2012）[S]. 北京：中国环境科学出版社，2016.

[112] The European Parliament and the Council of the European Union. Directive 2008/50/EC of the European Parliament and of The Council of 21 May 2008 on Ambient Air Quality and Cleaner Air for Europe[EB/OL]. http：//extwprlegs1.fao.org/docs/pdf/eur80016.pdf[2019-09-19].

[113] 大廻和彦，清水晋，山崎省二. 空調用ダクト清掃の実務 清掃と汚染診断の進め方がわかる[M]. 東京：オーム社，2004.

[114] Фукс Н А. 气溶胶力学[M]. 顾震潮，译. 北京：科学出版社，1960.

[115] Saffman P G. The lift on a small sphere in a slow shear flow[J]. Journal of Fluid Mechanics，1965，22（2）：385-400.

[116] Candelier F，Angilella J R，Souhar M. On the effect of the Boussinesq-Basset force on the radial migration of a stokes particle in a vortex[J]. Physics of Fluids，2004，16（5）：1765-1776.

[117] Michaelides E E. Hydrodynamic force and heat/mass transfer from particles，bubbles，and drops—The freeman scholar lecture[J]. Journal of Fluids Engineering，2003，125（2）：209-238.

[118] Magnus H G. Über die Abweichung der Geschosse，Abhandlungen der Königlichen Akademie der Wissenschaften zu Berlin[M]. Berlin，1852.

[119] Magnus H G. Über die Abweichung der Geschosse，und：Über eine abfallende Erscheinung bei rotierenden Körpern（On the deviation of projectiles，and：On a sinking phenomenon among rotating bodies）[J]. Annalen der Physik，1853，164（1）：1-29.

[120] 岑可法，樊建人. 工程气固多相流动的理论及计算[M]. 杭州：浙江大学出版社，1990.

[121] 余常昭. 环境流体力学导论[M]. 北京：清华大学出版社，1992.

[122] 张杰. 气溶胶微粒在空调风系统内沉降的特性研究[D]. 衡阳：南华大学，2008.

[123] 居剑亮，曹为学. 风管内 $PM_{2.5}$ 颗粒-空气两相流输运和沉积特性研究[J]. 洁净与空调技术，2017（01）：57-61.

[124] Friedlander S K，Johnstone H F. Deposition of suspended particles from turbulent gas streams[J]. Industrial and Engineering Chemistry，1957，49（7）：1151-1156.

[125] Chamberlain A C. Transport of Lycopodium spores and other small particles to rough surfaces[J]. Proceedings of the Royal Society A：Mathematical，Physical and Engineering Sciences，1967，296（1444）：45-70.

[126] El-Shobokshy M S. Experimental measurements of aerosol deposition to smooth and rough surfaces[J]. Atmospheric Environment，1983，17（3）：639-644.

[127] Lai C K. An Experimental Study of the Deposition of Aerosol on Rough Surfaces and the Implications for Indoor Air Quality Control[D]. London：Imperial College London，1997.

[128] Piskunov V N. Parameterization of aerosol dry deposition velocities onto smooth and rough surfaces[J]. Journal of Aerosol Science，2009，40（8）：664-679.

[129] Liu B Y H，Agarwal J K. Experimental observation of aerosol deposition in turbulent flow[J]. Journal of Aerosol Science，1974，5（2）：145-155.

[130] Sippola M R. Particle deposition in ventilation ducts[D]. Berkeley：University of California，2002.

[131] Sippola M R，Nazaroff W W. Modeling particle loss in ventilation ducts[J]. Atmospheric Environment，2003，37（39/40）：5597-5609.

[132] Zhao B，Wu J. Modeling particle deposition from fully developed turbulent flow in ventilation duct[J]. Atmospheric Environment，2006，40（3）：457-466.

[133] Breuer M，Baytekin H T，Matida E A. Prediction of aerosol deposition in 90° bends using LES and an efficient lagrangian tracking method[J]. Journal of Aerosol Science，2006，37（11）：1407-1428.

[134] 贺启滨，王沨，高乃平，等. 应用随机轨道模型研究颗粒在通风管道内的沉积[J]. 建筑科学，2011，27（4）：104-108.

[135] 张若愚，彭浩，王瑞祥. 颗粒物在通风管道壁面上沉积的数值分析[J]. 北京建筑工程学院学报，2014，30（1）：26-31.

[136] 任毅. 通风和空调管道局部构件内的粒子沉积规律[D]. 上海：东华大学，2006.

[137] 朱青松. 矩形风管系统中颗粒物沉降速度的实验研究[D]. 长沙：湖南大学，2007.

[138] 张若愚. 通风空调管道中颗粒物的运动及沉降规律研究[D]. 北京：北京建筑大学，2014.

[139] 吴俊，赵彬. 通风管道内颗粒的沉降规律研究及应用[J]. 暖通空调，2008，38（4）：18-23.

[140] Lai C K，Nazaroff W W. Modeling indoor particle deposition from turbulent flow onto smooth surfaces[J]. Journal of Aerosol Science，2000，31（4）：463-476.

[141] 陈光，王伟. 矩形管道内颗粒物沉积的模型与分析[J]. 建筑热能通风空调，2009，28（3）：44-46，60.

[142] 谷长城. 矩形通风空调管道内尘粒沉降速度的预测[D]. 西安：西安建筑科技大学，2006.

[143] 张灿凤. 空调通风管道颗粒物沉降规律数值模拟研究[D]. 淮南：安徽理工大学，2013.

[144] 韩云龙, 殷传慧, 胡永梅. 通风管道结构形式对颗粒物沉积的影响[J]. 过程工程学报, 2015, 15 (1): 40-44.

[145] Nishino G, Kitani S, Takahashi K. Thermophoretic deposition of aerosol particles in a heat-exchanger pipe[J]. Industrial and Engineering Chemistry Process Design and Development, 1974, 13 (4): 408-415.

[146] Tsai R, Liang L J. Correlation for thermophoretic deposition of aerosol particles onto cold plates[J]. Journal of Aerosol Science, 2001, 32 (4): 473-487.

[147] Bae G N, Lee C S, Park S O. Measurements and control of particle deposition velocity on a horizontal wafer with thermophoretic effect[J]. Aerosol Science and Technology, 1995, 23 (3): 321-330.

[148] Wirzberger H, Lekhtmakher S, Shapiro M, et al. Prevention of particle deposition by means of heating the deposition surface[J]. Journal of Aerosol Science, 1997, 28 (1001): S83-S84.

[149] 韩云龙, 胡永梅, 钱付平. 通风管道内温湿度对颗粒沉积的影响[J]. 土木建筑与环境工程, 2010, 32 (4): 66-70.

[150] 陈旭, 高峰. 集中空调通风管道清扫机器人[J]. 轻工机械, 2007, 25 (4): 119-122.

[151] 肖传卿. 常用通风管道的种类及性能评价[J]. 林业科技情报, 2003, 4 (35): 39-43.

[152] 葛建兵, 郝矿荣, 白代萍. 并联机器人的轨迹规划仿真[J]. 轻工机械, 2005, 23 (4): 48-51.

[153] 王安敏, 王琪忠, 何兆民. 中央空调风管清洗机器人关键技术分析[J]. 机电工程技术, 2006 (10): 47-49, 108.

[154] 崔建波, 高丽萍. 集中空调风道清洗现状与前景分析[J]. 清洗世界, 2004, 9 (20): 21-25.

[155] 李疆. 工业自动化综合应用实训 (基础篇)[M]. 西安: 西安电子科技大学出版社, 2015.

[156] 李智慧. 自适应管道清洁机器人控制系统研究[D]. 武汉: 武汉理工大学, 2010.

[157] 深圳市清一智能技术有限公司. 高速电动软轴清扫机 AGT-R02[EB/OL]. https://cn.made-in-china.com/gongying/szqyzn-OoLnEiVcbMWu.html[2019-10-05].

[158] 黄兴. 药厂洁净室空调系统的消毒及灭菌[J]. 中国制药装备, 2018 (6): 38-43.

[159] 吴祺. 化学消毒剂[J]. 化学与社会, 2003 (11): 60-62.

[160] 宋志伟, 李燕. 水污染控制工程[M]. 徐州: 中国矿业大学出版社, 2013.

[161] 北京电光源研究所, 北京照明学会. 光电源实用手册[M]. 北京: 中国物资出版社, 2005.

[162] 刘明, 沈晋明, 刘超. 通风空调系统中紫外线辐射消毒的应用[J]. 暖通空调, 2010, 40 (1): 66-70.

[163] 孟宪军. 食品工艺学概论[M]. 北京: 中国农业出版社, 2006.

[164] 张定坤. 基于电晕法产生负离子的化学发光与杀菌效应研究[D]. 北京: 清华大学, 2017.

[165] 李群, 李新涛, 陈晓扬. 负离子扫地机器人[P]. 中国专利: 305292073S, 2019-08-06.

[166] 谢成宗. 一种家用负离子清洁机器人[P]. 中国专利: 108371517A, 2018-08-07.

[167] 王亮. 一种节能型清洁用机器人[P]. 中国专利: 109199247A, 2019-01-15.

[168] 金祺万, 宋贞坤, 黄允燮. 装备有负离子发生器的机器人清洁器[P]. 中国专利: 1575727A, 2005-02-09.

[169] 李文琪, 邱鸿志, 林继兴. 负离子清洁机器人[P]. 中国专利: 202191242U, 2012-04-18.

[170] 王书杰, 张宇. 银离子消毒剂的杀菌作用、机制、影响因素及应用[J]. 中国感染控制杂志, 2007, 6 (3): 214-216.

[171] 库利斯基 A. 水消毒过程的强化[M]. 蔡梅亭, 译. 上海: 上海科学技术文献出版社, 1981.

[172] 侯悦. 军队给水卫生学[M]. 北京: 人民军医出版社, 1992.

[173] 李灵灵, 熊志强, 张伟, 等. 纳米 TiO_2 材料光催化抗菌性能研究与应用[J]. 现代化工, 2019, 39 (10): 37-41.

[174] 杨得全. 杀菌除有害气体空气净化器滤芯和空气净化器[P]. 中国专利: CN204612129U, 2015-09-02.

[175] 白仁建, 石晓伟, 黄光稳, 等. 基于硅基氧化除臭的空气净化滤芯装置[P]. 中国专利: CN108816008A, 2018-11-16.

[176]　杜峰. 多功能高效一体式空气污染处理材料[P]. 中国专利：CN105080498A，2015-11-25.

[177]　白希尧，白敏冬，依成武，等. 脉冲活化一次全部治理 CO_2、SO_2、NO_x 和烟尘研究（I）—分解 SO_2[J]. 环境科学研究，1995（3）：1-6.

[178]　Atkinson R. Kinetics and mechanisms of the gas-phase reactions of the hydroxyl radical with organic compounds under atmospheric conditions[J]. Chemical Reviews，1986，86（1）：69-201.

[179]　王琨. 针-网电晕反应器的放电、驱动特性和在甲醛净化中的应用研究[D]. 徐州：中国矿业大学，2017.

第4章 通风管道净化实例及维护

　　如果不定期对中央空调进行清洗，空调内部积压的灰尘、致病性微生物等会随着空调风吹向室内，因此定期对空调通风系统通风管道实施清洗、消毒等净化手段不仅有益于室内人员的身心健康和设备的稳定运行，而且从节能减排的角度考虑，也能为企业单位和家庭用户创造一定的经济效应。本章以通风管道清洗、消毒设计方案为切入点，选取一些国内外通风管道净化实际案例加以分析并总结经验。针对通风管道清洗和消毒而研发的新技术、新理论，不仅是通风管道净化的前提保障，也是通风管道维护和保养的后续支撑。从通风空调清洗行业服务标准角度出发，一项合格的通风管道后期维护和保养服务除了对中央空调系统、新风系统、净化系统风管进行维护和保养之外，也应该对通风管道清洗机器人进行相关维护和保养。

4.1　通风管道净化方案的设计

　　现代社会，当人们的物质水平得到了较大幅度的提高以后，就会开始重视自身健康，对与人们身体健康密切相关的各种因素表现出极高的关注度，如空气质量安全、水质安全、粮食安全等。其中，空气质量安全随着环境雾霾、室内甲醛超标等问题的凸显而受到全社会的关注。在各种环境污染的不利影响下，人们对空调的需求也从最初的调节室内温度升级为追求新鲜卫生空气的日常生活所需[1-3]。

　　现已广泛使用的中央空调系统是一种能够将室外相对新鲜的空气传输到室内并将室内污浊空气排到室外，同时对室内空气温湿度进行调节的设备，虽然有很多中央空调企业在安装中央空调时会搭配新风系统和空气净化系统，但囿于很多场合（如住宅、商场、酒店、写字楼等）中央空调运行时间较长，甚至是长年累月不间断地开启，尤其是洁净厂房和级别较高的洁净室内，如果系统长时间运行而不加清理，就会使设备在输送新鲜、健康、安全的空气的过程中暴露诸多弊端，如通风管道内的积尘现象和微生物滋生繁殖，导致严重的通风管道污染，危害室内空气质量和人体健康，给正常的工业生产带来不可预估的风险。因此，通风管道污染的治理具有显而易见的重要性和必要性。

4.1.1　空调通风系统净化方案设计

空调通风系统净化主要包括检修、清洗（除垢、杀菌、风机盘管表冷器除藻）、风机盘管及进出口的维护。具体清洗流程如下。

（1）清洗回风口过滤网并杀灭滤网上的细菌等微生物。

（2）送风系统消毒杀菌。

（3）使用专用清洗剂清洗风机盘管表冷器上的污垢和细菌等微生物，保持通风顺畅。

（4）清扫风机盘管中风机叶轮、蜗壳、马达上的积尘。

（5）清理接水盘、过滤器，除去污泥、杂物等，保持水流畅通。

（6）进出风栅的清洁卫生。

（7）检查水管是否连接牢固。

（8）检查保温是否良好。

（9）检查阀门是否漏水。

4.1.2　空调通风系统通风管道清洗方案设计

在理解市场上主流的针对空调通风系统净化的设计方案的基础上，下面介绍通风管道清洗和净化步骤。

（1）熟悉建筑图纸并了解需要清洁的通风系统的新风管、回风管、送风管系统的布局，会同客户编制详细的风管清洁施工方案。

（2）准备风管清洗所需要的一切设备和工具、药品等。

（3）用装有摄像头的机器人，进入管道内拍摄并记录风管内的污染状况。

（4）现场勘查，以风管系统为单位进行清洗和消毒，在风管适当部位，开施工孔（放入机器人、封堵气囊），在开孔位置外侧，用封堵气囊堵住管道两端。

（5）选择适当的管道清洗机器人和清洗毛刷对空调通风管道进行清扫。

（6）用软管将集尘器连接到其中一个施工孔，使风管内产生负压气流，让灰尘与污物被吸入集尘器内。

（7）录像监视系统对通风管道清洗前、中、后进行监测及录像，保存。清洗以后，按照机器人的拍照录像记录，对比清洗前管道内的污染情况，确认最终清洗设计方案的质量，即对清洗后的风管进行清洁度检查。

（8）当清洗质量被认可后，选择适当的消毒试剂，在清洗过的管道内按需求进行管道微生物杀菌消毒作业，或喷洒消毒剂，或采取熏蒸的消毒方法，并进行覆盖面检查。

（9）清理、移动清洗设备到下一段管道清洗。

（10）用预先准备好的原系统同种材料，用铆钉枪封闭开孔处，并用密封胶将缝隙密封。

（11）清理修复风管破损保温层。

（12）检查风管吊顶的强度，如强度不够应在顶棚打膨胀螺栓，用预制的角钢托盘进行加固，以不影响风管强度为原则，严格按标准操作。

（13）风口及过滤网拆除后到指定地点用高压水枪［原理是利用高压水射流技术（high pressure water jet technology）］进行清洗。高压水射流技术主要是借助高压设备从而产生高压水，然后通过设备的喷嘴将水的动力聚集，射流就可以起到清洗、切割、破碎的作用。该项技术使用的范围非常广泛，如设备表面的污垢的清洗[4]、管道内的堵塞物的清洗[5-7]、建筑施工时建筑外表面的清洗[8]、容器内外的清洗[9-11]、致密堵塞物的清洗[12-15]、切割工艺[16-18]等。

（14）收集所有清洗后的污染物，对收集到的污染物进行二次消毒处理后密封运到指定地点。

（15）一个系统风管清洁完毕后，清洁并整理场地，恢复原状，以确保原风管能正常工作，也保证不影响下一步工作。

（16）由有资质的检测机构按相关国家标准检验清洗质量；检测风管清洗消毒后空气质量。

（17）出具清洗完工报告呈送给客户。

4.2　通风管道净化实例

本节中，笔者选取了若干国内外通风管道净化典型实例，帮助读者理解关于管道清洗机器人目前国内外已开发出来的新理论、新技术，以及应用这些新理论、新技术的管道清洗机器人在通风管道净化方面取得的实际成果。

1. 铁路运输系统上的应用

铁路是国民经济大动脉、关键基础设施和重大民生工程，是综合交通运输体系的骨干和主要交通方式之一。铁路的修建和发展对任何一个国家的经济发展与社会稳定而言都是至关重要的。为缓解我国快速增长的交通需求，落实科学发展观、实现国民经济又好又快发展，党的十六大以后，我国铁路建设得到了高质量快速发展[19]。从早期的"和谐号"到目前的"复兴号"，从"四横四纵"到《中长期铁路网规划》（2016 年版）[20]勾勒的"八横八纵"高速铁路宏大蓝图，都标志着我国将进入"高铁时代"。

高铁，即"高速铁路"的简称，是指通过改造原有线路（直线化、轨距标准化），使最高营运时速达到不小于 200 km/h，或者专门修建新的"高速新线"，使营运时速达到至少 250 km/h 的铁路系统[21]。正是在这个运行速度飞快、相对全封闭的流动空间（包括高铁及目前尚在营运的普通列车）内，一旦客车空调通风系统积聚了大量的灰尘和细菌，其就会随着气流进入车厢，给机组人员和乘客带来身心损害。除此之外，空调风管内的大量积尘一方面严重阻碍空气流的正常流通，另一方面还能够吸收热量，造成 10%左右的能源损失[22]。因此，列车服务除了满足速度和空间的配套措施之外，也应满足铁路客车集中空调（一般由空调机组和通风系统组成[23]）通风系统清扫、消毒的需求。鉴于此，相关机构和科研单位根据运营的铁道空调客车主要车型通风管道特点，设计研制了一套客车空调通风系统智能化清扫消毒设备，并在北京车辆段 25G、25K 和 25T 型客车上进行了现场空调通风管道清扫消毒的试验，其试验效果达到预期研制目标[24]。这种客车空调通风系统智能化清扫消毒成套设备具体包括可以实现定量采样的机器人和多功能管道清洗机器人、捕尘器、多功能半软轴及末端计算机操控平台，通过末端计算机实时操控智能化管道清洗机器人在通风管道内实际作业（机械清扫、物理过滤）。实地试验之前，首先需要到客车厂和车辆段进行客车结构的现场调研和测量，在经过理论研究和试验研究之后确定研制设备的一些主要参数，如管道清洗机器人的外形尺寸、最小工作高度、单方向行走距离、最大移动速度、采样面积、机器人越障高度、爬坡能力、录像功能、针对矩形风管清洁毛刷的运动方式、采样机器人的采样效果及捕尘器的相关技术参数等。在确定上述设备参数之后，对选定的正在检修的 25G、25K、25T 型客车软卧、硬卧、硬座共 5 节车厢进行现场应用试验。囿于 25 型客车集中空调通风系统没有预留检修清洗口，因此清洁前需将空调机组吊离（在车厢两端车顶适当位置设置清扫消毒作业口）[25]，之后再对通风管道内壁进行清扫消毒。具体工作流程如下。

（1）在空调送风口安装吸尘连接罩口，安装法兰，连接捕尘器，用透明胶带与塑料薄膜将车厢内的每一个封口密封好。

（2）清洗机器人携带毛刷进入通风管道，先用毛刷进行清扫，通过摄像头观察通风管道内的积尘情况，根据监控结果进行循环清扫，针对一些死角、缝隙进行吹气，对顽固污秽进行鞭打。

（3）清扫扬起的灰尘由捕尘器吸收捕集。清扫干净后进行消毒，清洗机器人携带喷剂罐进至通风管道内，安装在捕尘器的一端，倒退着行走，边倒退边喷药，并通过摄像头进行过程监控。

最后，对采样机器人收集到的试样进行分析，具体见表 4-1 和表 4-2，从而鉴定整套设备的清扫消毒效果。

表 4-1　北京 25G、25K、25T 型客车通风管道清扫除尘效果

试验日期	客车类型	清扫前积尘量/(g/m²)	清扫后积尘量/(g/m²)	净化率/%
2009-03-10	25G 车厢硬座	42.19	0.36	99.1
2009-03-16	25G 车厢软卧	53.91	7.11	86.8
2009-03-17	25G 车厢硬卧	63.45	3.54	94.4
2009-03-18	25K 车厢硬座	249.08	6.09	97.6
2009-03-24	25T 车厢软卧	80.71	3.91	95.2

表 4-2　北京 25G、25K、25T 型客车通风管道清扫消毒效果

试验日期	客车类型	细菌			霉菌		
		消毒前菌落数/(cfu/cm²)	消毒后菌落数/(cfu/cm²)	灭菌率/%	消毒前菌落数/(cfu/cm²)	消毒后菌落数/(cfu/cm²)	灭菌率/%
2009-03-10	25G 硬座	275	<10	99.98	—	—	—
2009-03-17	25G 硬卧	397	<10	99.99	59	<10	99.93
2009-03-24	25T 软卧	923	<10	99.99	132	<10	99.97

　　从表 4-1、表 4-2 中可以看出，研发人员针对 25T、25K 和 25G 型铁路客车集中空调通风管道内污染物清洁消毒用的智能清扫消毒设备的净化效果是非常明显的：风管除尘后平均净化率可达 94.6%，消毒后的风管内均未检出细菌和霉菌。试验结果表明完成一整节客车车厢空调系统通风管道内的采样、清扫及消毒工作一般耗时 1.5～2.0 h。

　　除了地面运行的高铁之外，地下运行的地铁也是一种极为重要的铁路运输系统。地铁作为城市的重要交通工具，客流量一般都比较大，公共区间内外的气体交换和空气处理全部依靠集中空调通风排气系统，空调通风系统的卫生状况对整个地下空间的微小气候起着关键性的作用[26]。目前，对地铁环境卫生方面的调查和研究多集中在集中空调卫生质量和地铁内微小空间气候质量等方面[27-31]，而对地铁系统集中空调通风管道内污染物的清洗消毒方面的研究比较不足。武汉市疾病预防控制中心为了提高地铁集中空调通风系统清洗消毒后的合格率，保障乘客的安全出行，在 2014 年底至 2015 年初，以某新建地铁线的 5 个结构相似的车站为样板进行了地铁通风系统清洗消毒实验。为了对后续结果进行跟踪，研究人员还在消毒后的 12 h 后继续进行消毒监测，以探求地铁集中空调通风系统通风管道清洗消毒效果的影响因素[32]。

　　针对这 5 个结构相似车站的集中空调通风管道清洗，研究人员采取分段分区的方式进行，管道内设备清洗出的污染物通过风管开口处的捕集装置进行收集，风管清洗工作段与非工作段之间采取气囊封闭。另外，针对送风系统和风管的消毒，分别采用长效复合季铵盐类消毒剂与75%酒精进行喷雾式消毒，并对比这两者消毒方式的效果差异，具体消毒结果分别见表4-3、表4-4。从表4-3、表4-4中可以看出，在送风系统消毒效果上，复合季铵盐效果最好，75%酒精次之，不消毒最差。

表4-3　送风系统消毒效果比较

检测地点	风口数/个	消毒方式	细菌灭菌合格率/%	真菌灭菌合格率/%
	10	不消毒	30.00	90.00
站厅层	10	75%酒精	100.00	80.00
	10	复合季铵盐	100.00	100.00
	10	不消毒	40.00	60.00
站台层	10	75%酒精	60.00	50.00
	10	复合季铵盐	100.00	100.00

表4-4　风管内表面消毒效果比较

检测地点	风口数/个	消毒方式	细菌灭菌合格率/%	真菌灭菌合格率/%
	10	不消毒	90.00	100.00
站厅层	10	75%酒精	100.00	100.00
	10	复合季铵盐	100.00	100.00
	10	不消毒	100.00	100.00
站台层	10	75%酒精	100.00	100.00
	10	复合季铵盐	100.00	100.00

　　研究组成员还对使用复合季铵盐消毒剂进行了消毒方式的优化：①先用500 mg/L的含氯消毒喷雾对新风井进行消毒；②然后再用长效复合季铵盐类消毒剂按1：40比例稀释后对集中空调通风管道内表面进行消毒；③消毒后封闭各送风口12 h，检测前1 h打开送风口进行送风。正常送风后对送风及风管内表面的消毒效果进行检测后发现，地铁集中空调通风系统中送风系统与风管内表面各项指标检测合格率均为100.00%。这一优化方案为地铁集中空调送风系统和风管内表面清洗消毒提供了良好的案例模板。

2. 家用中央空调上的应用

　　目前清洁空调系统通风管道污染的方式包括使用自推进式的管道清洗机器人或者是气压驱动的清洁工具[33-35]。操作人员将管道清洗机器人或一些清洁工具从风管一端置入，在另一端收集灰尘。这两种清洁方法适用于相对较宽和较为笔直的管道，如一些大型建筑物和工厂。但上述清洁工具并不适用于较窄或弯曲的通风管道。管道清洗机器人在风管内的传统行走模式一般有蛇行式（snake-like type）[36, 37]、车轮式（wheel type）[38, 39]、履带式（crawler type）[40, 41]、纤毛振动式（ciliary vibration type）[42, 43]、（腿）足式（legged type）[44-46]。前两种行走模式的机器人不适合狭窄风管；而纤毛振动式机器人不能后退行走，也不适用在垂直风管内；（腿）足式机器人[47, 48]的行走方式类似人类的腿部运动，但是其姿态控制系统非常复杂，每个足的控制需要和其他足之间密切配合，生产制造成本高，除非一些特殊的场合（如精密的管道或者特殊管道作业），一般不常应用于现实生活中。

　　日本中央大学的 Tanise 等[49]设计出了一款适用于一般家庭用的中央空调通风管道清洗机器人。该款机器人能够适用于长度和内径分别是 10 m 和 75 mm、最小曲率半径为 70 mm 的通风管道。这三种尺寸参数符合大多数户用中央空调通风管道。机器人运动模式上，Tanise 等选择了一种类似蚯蚓爬行的蠕动式行走模式（peristaltic crawling motion pattern），如图 4-1 所示[50]。这种运动模式属于特殊的一种行走模式[51]，这种蠕动型方式已被应用于细小狭窄的管道内运动的机器人[52]、工业用内视镜机器人[53]、地震搜救用机器人[54, 55]等。麻省理工学院、哈佛大学和首尔大学的研究人员在 2012 年设计出了一款自主蠕动的蚯蚓机器人[56, 57]。研究人员用镍和钛制成人造肌肉线圈（artificial muscle wire），镍钛合金是一种形状记忆合金，这种合金会随着热量的变化进行伸展和收缩。他们将这种人造肌肉线圈缠绕在弹性编织网筒上，并沿着弹性编织网筒的长度创建了多个"分割段"，就像蚯蚓的"环节"一样。这种几乎完全由柔软的材料制作而成的蠕动机器人，不仅抗压还耐打，即使踩在上面或者用锤子敲打也能回弹如初。该款机器人被称为"Meshworm"[58]，因为其主体主要是由柔性网筒构成的，在线圈中通入少量电

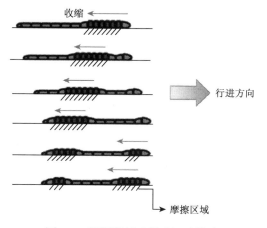

图 4-1　蚯蚓爬行式蠕动运动模式

流促使其蠕动前进，而这种犹如蚯蚓一般蠕动前进的特点使得它非常适合于在崎岖狭窄的路况或空间内运动。该款机器人的设计难点在于不同镍钛合金制成的线圈在什么温度下产生宏观蠕动，即线圈加热需要相当复杂的算法控制。未来如果能够在机器人上安装传感器，使机器人利用反馈控制自主选择蠕动路径成为可能，那将对该项技术的应用推广起到极大的促进作用。

从图 4-1 不难看出，采用蠕动运动模式行走的管道清洗机器人虽然运动空间不大，但机器人与通风管道的接触面积却很大。这种独特的优势使得这种行走模式尤其适合于狭窄、弯曲的管道。因此，将清洁部件的运动模式设定成这种蠕动式行走模式，即可完成细长狭窄管道内的灰尘清扫工作。

Tanise 等的设计方案中，核心设计便是一个模拟真实蚯蚓运动模式的 4-单元节蠕动机器人（4-units peristaltic crawling robot）。每一个单元节就类似于蚯蚓的"环节"，或称为"体节"（segment）。每一个独立的"环节"部分是由两个法兰、吹风箱、一个快速排气阀和一个直纤维型人工肌肉组合而成的。该款机器人主要是通过人工肌肉的反复收缩和扩张来达到控制调节行走模式，在机器人行走过程中人工肌肉的收缩和扩张是紧贴着风管内壁的，因此，如果将清洁毛刷固定在人工肌肉的外表面就可以实现在人工肌肉收缩的同时清扫掉管壁灰尘的目的，这样设计的另一个优点便是可以节省一个毛刷驱动电机。在验证清扫机器人的除尘效率上，设计者选取了三种不同类型的清洁毛刷：超卷曲毛刷、拖把布毛刷和尼龙毛刷。将这三种不同类型的毛刷仅固定在机器人的第一个"环节"（leading unit）上，作为管道清洗单元体，测试其在一定条件下的风管清洁效果。先将测试风管内壁用水浸润，然后封住管道一端后在其中撒入一定质量的粉体模拟灰尘，最后再用水润湿粉体以达到固定粉体的目的。前期准备工作完成之后，研究者将清洗机器人放入黏附有"灰尘"的管道内，通过计算机器人清扫前后管道内粉体的质量来衡量设计的机器人清洁效能。

最终测试结果显示，此款蠕动运动型机器人完成 10 m 管道内爬行所需要的最大静摩擦力超过了 72 N，机器人蠕动前行时必要的扩张时间和收缩时间分别是 0.9 s 和 0.6 s，此外，效果最优的毛刷类型是尼龙毛刷。经过优化后的尼龙毛刷清洁单元，其清洁效能可以从初始的 60.0%提升到 97.4%。

针对小型室内风道清洗的现状，西方、日本、新加坡等一些发达国家和地区，都有着比较成熟的风道清扫技术，家用中央空调的清洁早已形成一个产业，进入规范化运营阶段。国内虽然开始重视一些公共场所中央空调的通风管道清洗工作，但是我国通风管道清洗技术上还有待完善，加上核心设备一直需要向国外进口，导致我国家用中央空调的清洗缺口较大，未来仍然有待深入研究。目前，国内一些专家学者也已经慢慢摸索并开发出低成本、适合中国市场的一些管道气清洗机器人技术和装置。

武汉科技大学的艾迪等[59]在国家级大学生创新创业训练计划项目工作总结中描绘出了一款适用于小型室内通风管道清扫机器人,该款机器人在直径 300～350 mm 的不同规格圆形管道内工作时,利用三个可伸缩的刷头两两相隔 120°的结构,在满足管道清扫要求的前提下最大限度地减少重量。通过简单设计改造,可以在圆形管道清扫结构的设计基础上,实现在方形管道内清扫作业的目的。为了适应市面上方形管道长宽的不规则性,设计人员在清扫机构的设计上采用左右两侧上下双刷头清扫设计,在四个刷筒四周装上伞状的硬质刷毛,将侧方刷头设计成可以手动调节宽度的构造,而且采用内部电机移位方式对上下两对刷头的最大高度进行了设计,实现了一款机器人仅是通过简单改造便可实现圆形管道、方形管道两类风管的清扫工作。艾迪等还针对如今国内市场上通风管道清扫设备并不能很好地完成深度清洁工作这一现状,采用了“前扫后吸”的创新式设计,即利用毛刷扬起灰尘的同时吸尘器将扬起的灰尘进行收集,通过前后两个部分之间的清扫与吸尘相互配合,便可实现对通风管道内污染物的深度净化。实验组在完成行走清扫控制系统和监控系统的设计工作后,还利用 3D 打印技术制作出了原型机,并用实验验证了设计出的清扫机器人在室内通风管道除尘领域将有很好的实际应用价值。

我国通风管道清洗机器人推广应用的难点在于针对矩形风管主动变径技术的实现。我国的中央空调风管与国外有所不同:国外的风管大量采用圆形风管,易于清洗,即使是矩形风管,规格少,但型号较规范;而国内的建筑为了增加层数,尽可能压缩层高和吊顶空间,所以扁形风管非常普遍,且会限制其高度。为了突破这一现状,一些学者专家开始着手“自主变径管道机器人”的开发研究[60-65]。孙康岭等[66]根据国内中央空调通风管道自身固有的特点:主风道多为 400～1500 mm 宽、100～500 mm 高的矩形风管[67-71],设计提出了一种可从水平与垂直两个方向独立调节以适用于不同规格矩形风管的自适应调节机构,旨在增强中央空调通风管道清洗机器人的牵引能力和管道适应性能。在他们的设计中,比较突出的设计重点是“电源载波通信技术”(power carrier communication technology)。在现有的设计发明和公司产品中,无缆线管道机器人因为可以避开沉重的电缆线干扰,而成为市场和研究热点,但无缆线管道机器人也有其设计上的缺陷,因为这类机器人一般需要携带电池供电,这样一来不仅增加了机器人的本体体积,而且降低了机器人的机动性和适应性。另外,机器人对外的通信采用无线方式时,其无线信号也会受到管材的屏蔽作用,造成机器人移动和控制受到阻碍,严重的话还可能造成二次污染[72]。大部分管道清洗机器人仍是采用有缆方式进行控制,机器人线缆内既包含有电源线也包含了信号控制线,自然而然避不开电缆线带来的沉重感。一旦遇到变径较多、坡道较多、转弯较多、清扫距离冗长的通风管道,机器人行走时,线缆与管壁之间的摩擦力就会变成很大的干扰因素,从而既降低了机器人运行可靠性，也限制了机器人最大行进距离[73]。鉴于这两种信号控制方式的优缺点，研究人员采用有缆方式，但是通过线缆内电源线载波通信信号，这样设计的好处是一方面可以减轻线缆的重力进而减轻线缆与风管内壁的摩擦力，另一方面也增加了机器人的行走距离。

3. 城市楼宇中央空调上的应用

近年来，随着我国城市化建设步伐的加快，办公楼、大型购物中心、娱乐中心、影院、博物馆、体育馆等城市楼宇及一些高档别墅采用集中空调通风系统已经形成了一种固定标准设施，旨在为人们创造一个舒适的生活、学习、工作环境。但目前国内外，针对城市楼宇中的集中空调聚焦的热点都是围绕"节能"议题展开的[74-80]，当前的城市楼宇集中空调也都是朝着智能化（intelligentize）、紧致化（compactification）、节能化（energy-saving）、低噪声化（low-noise）方向发展的[81]。然而，一个稍显隐蔽却不容忽视的集中空调难题——通风管道内的污染问题理应获得更广泛的关注。城市楼宇通常都是高层建筑，在这些建筑工程内部密布着大量空调通风管道，经过常年运行，聚集了大量的室内外环境污染物，包括病菌、尘土、纤维等杂物，长此以往会使室内人员偏头痛、易于疲劳、口干舌燥、心情烦躁、皮肤瘙痒、打喷嚏、过敏等"空调病"症状[82]。据相关调查，在室内空气污染来源中，中央空调通风系统的污染占比在 40%～53%[83]，而高达 75%以上的中央空调通风管道的污染程度达到中等以上污染，情势比较严峻[84]。风管内大量积尘除了影响室内人员健康之外，还会污染中央空调系统的零部件[85]，不仅造成零部件工作性能下降、寿命缩减，还在集中空调通风系统自身能耗的基础上额外消耗了一部分能量。因此现在越来越多的专家学者从保障人们身心健康和节约能源的角度出发，设计并开发出一些新型通风管道清洁技术和机器人，根据实际情况清洁中央空调系统的通风管道。

何琴[86]从提高和改善集中空调通风系统的可维护性出发，采用 ATmega64 核心芯片设计出了一种新型可适应变管径的管道清洗机器人，通过一个带毛刷的伞状的张合机构实现变管径操作，从而完成不同管径风管的清洗作业。为了实现清扫机器人在风管内高效稳定运行，研究者设计了一种主要由行走机构（双足履带、直流电机驱动）、清扫机构（扫落附着的灰尘）、尾翼机构（防止摆尾）、感知机构（采集信号）、控制系统（控制机器人稳定运行）和监控系统（对管道内环境实行监测）六大部分组成的清扫机器人。该款机器人能够解决中央空调管道清洗难和管径不规范等问题，其核心关键在于应用了自动定心技术，即采用了一个 X 式升降台机构和一个伞状的张合机构，从而使得机器人适用于不同管径的通风管道清扫作业。研究结果显示，这款清洗机器人能够实现自动定心以适应不同的空调管径，完成清洗作业，为中央空调管道清洗技术提供了广阔的应用前景。

　　黄颖等[87]在中央空调管道清洗机器人的机械结构设计基础上，设计了一款履带式通风管道清洗机器人。该款基于 STM32 芯片设计的通风管道清洗机器人不仅拥有开放式控制系统，相较其他通风管道清洗机器人，还配备了洒水器，改进了清洗装置，利用 WiFi 无线通信控制，支持清洗、洒水、吸尘、照明、主动避障等功能。他们设计的管道清洗机器人的技术特点主要在于：①两侧履带由独立电机驱动来实现行走；②配备了一台水泵，以喷头方式洒水溶解灰尘和其他污垢；③清洗刷固定在由升降杆支撑的清洗臂上；④清洗车两边各安装一个超声波传感器用以避障；⑤WiFi 无线通信模块，使机器人行走时摆脱重重的电缆。在完成机器人本体设计之后，研究人员还设计了机器人的控制策略和控制系统软/硬件结构，最终对清洗机器人进行了多项性能测试，测试结果见表 4-5。

表 4-5　基于 STM32 芯片的管道清洗机器人的性能测试结果

序号	测试性能	参数
1	避障距离	15 cm 左右
2	爬坡角度	10°
3	越障高度	3 cm
4	续航时间	>2 h
5	管道尺寸	截面积>23×17 cm^2
6	清洗高度	30 cm 以内
7	最大通信距离	30 m

　　为了解决国内中央空调管道式通风系统存在的一些清洗问题：不能有效清洗截面高度在 300 mm 以下的管道；不能有效清洗竖直管道；机器人在管道内越障难；变管径机器人毛刷与壁面贴合度低导致清扫效率低[88-90]，刘莹等[91]研制出了一款新的中央空调管道式通风系统清洗机器人。他们研制出来的机器人采用（腿）足式吸附行走机构和双滑槽摆动式清扫机构，从而实现以下目标：①原地 90°转弯向上爬行和竖直管道清洗；②自动适应管道内的截面变化；③自动适应管壁积垢变化，根据壁面积垢的程度自动机械反馈调节清扫力度，完成两个壁面的清扫工作。研究人员通过给机器人通上 24 V 直流电，并在彩钢板搭建的模拟空调管道内对研制的清洗机器人进行了有关性能测试，其试验结果见表 4-6。

表 4-6　（腿）足式、双滑槽摆动式管道清洗机器人的性能测试结果

序号	测试性能	参数
1	行走速度	10 m（"L"形管道）
2	最大平均速度	9.77 m/min

续表

序号	测试性能	参数
3	速度属性	0~9.77 m/min 无级变速可调
4	有效行进距离	28~35 m（折返行走）
5	适用管道范围	160[①]~1000 mm
6	湿泥土验证清洁效果	能够实现设计功能

① 160 mm 是指在管内无障碍的情况下能够清扫的管道截面高度。

聂一新和刘燕敏[92]曾对上海市某一宾馆餐厅的中央空调进行了清洗测试。这家宾馆餐厅的中央空调机组包括抽取式铁丝加涤纶丝网过滤段、表冷段和风机段。一般而言，风管内壁的底面、过滤器迎风面、表冷器迎风面和积水盘是最容易积聚灰尘和滋生细菌的场所，需要经常清洗和维护。试验结果表明经过清洗后的中央空调卫生状况得到了较大改善，具体见表 4-7。

表 4-7　空调系统清洗前后的效果比较

参数	清洗前	清洗后
送风量/(m³/h)	12 888	14 544
回风量/(m³/h)	1 562	1 738
可吸入颗粒 PM_{10}/(mg/m³)	0.923	0.048
送风管底部积尘量/(g/m²)	5.66	0.79
回风管底部积尘量/(g/m²)	35.38	1.51
室内悬浮菌/(个/m³)	314~629	—

4. 医院中央空调上的应用

医院中央空调系统在功能上不仅需要向空间内提供舒适的热湿环境，调控着空间内空气的品质，而且由于医院的特殊性，需要保证医院检验科、血液科、放射科、药房等医技科室医疗设备的正常运行，手术室、静配室、产房、新生儿科等特别空间需要确立严格合理的室内空气参数，以及需要特殊照顾的患者在康复期间所需要的符合条件的室内微环境，因此医院的中央空调系统在保障医院正常运行中起着不可或缺的作用[93]。然而，目前国内关于医院中央空调的研究绝大部分都集中在中央空调系统的节能控制、节能设计方案等"节能"热点上[94-101]，针对医院中央空调风管的净化和消毒工作却鲜有报道，清洗和消毒也仅仅局限于出风口、回风口、过滤网等外部结构，而忽视了对中央空调通风系统内部管道的清洗、消毒问题。

新疆乌鲁木齐市妇幼保健院检验科的万枫等[102]在 2014～2017 年连续 4 年采集医院公共场所 300 份空调水样进行了军团菌试验检测。检测结果发现：2014 年 75 份样本的阳性检出率为 61.3%，2015 年 80 份样本的阳性检出率为 47.5%，均属于严重污染范畴。医院在 2016 年和 2017 年加强了空调通风系统的清洗和消毒，使得 2016 年和 2017 年的样本阳性检出率分别降至 37.5%和 21.7%。门诊楼、新生儿科、产房、手术室进行的嗜肺军团菌的检测结果表明，门诊楼检出率最高，为 67.0%，新生儿科为 24.4%，产房为 27.3%，手术室为 32.9%。门诊大厅人流量大、患者较为聚集、中央空调风机多、基本不停歇运转，室内通风少，导致军团菌阳性污染率最高。

许多关于医院中央空调通风系统污染的现状调查结果几乎都显示医院中央空调的污染情况很严峻，存在的问题通常都是微生物污染[103-107]。这些调查报告为我国医院中央空调通风系统真菌污染防治敲响了警钟。近年来随着军团菌科学知识的宣传普及以及治理工作的有效开展，医院中央空调通风系统中嗜肺军团菌的管理虽渐有成效，但检出率依然偏高，仍需要加强通风管道清洗和消毒的净化意识，并按照相关法规进一步加强监管和监测。如皋市人民医院感染管理科钱沂等[108]介绍了一种应用 3%过氧乙酸对医院中央空调通风管道内部消毒灭菌的方法。首先将过氧乙酸原液加水配制成 3%的过氧乙酸溶液，根据空调管道内部容积（按照 3 g/m³ 的用量）计算结果预备过氧乙酸，然后将配制好的过氧乙酸水溶液进行加热，再将加热后产生的过氧乙酸蒸气连接到医院中央空调净化系统的风道，以中央空调系统的净化风机产生的压力风源为载体将过氧乙酸蒸气扩散至整个空调风管内部，最后密闭熏蒸 2 h 后进行杀菌消毒。他们对医院 ICU、手术室的中央空调通风管道送风口和室内空气分别进行了消毒前后微生物浓度的检测，检测结果见表 4-8。

表 4-8　过氧乙烯熏蒸对医院中央空调管道系统消毒检测结果

科室	采样部位	合格标准 /(cfu/m³)	采样数/份	消毒前合格/份	消毒后合格/份
ICU	送风口	≤500	6	2	6
	室内空气	≤200	6	3	5
手术室	送风口	≤500	10	5	10
	室内空气	≤10	3	2	3
		≤200	7	2	7

从表 4-5 中可以看出，过氧乙酸对中央空调管道系统密闭熏蒸消毒后，送风口和室内空气中细菌总数和真菌总数大幅度减少，空气合格率也有明显的提高，

证明风管消毒对于医院中央空调系统的运行和改善室内微环境有着举足轻重的作用。此外调查发现，在对中央空调通风系统进行清洗和消毒时，消毒剂的选择和使用也同样非常重要。如果消毒剂配制浓度和作用时间不足时，空调送风中真菌总数的下降效果不太理想；如果在清洗后短期内扬尘增加，会造成送风中真菌总数不降反升。

5. 餐饮油烟管道上的应用

近年来，因油烟管道引发的火灾报道屡见不鲜[109-112]。2018 年 3 月 10 日，上海市松江区位于新车公路上的一家食品销售公司发生火灾[113]。据初步了解，起火原因可能是烟管管道内堆积油垢过多，遇到火星后导致火灾事故发生。2018 年7 月 14 日南京市秦淮区一饭店发生火灾，经调查，初步判断火灾是由油烟管道起火而引发。2019 年 7 月 17 日韶关市武江区芙蓉新城翠景苑某海鲜大排档发生火灾，据调查：此次火灾事故起火原因系该场所厨房的抽风机及排烟管道积油受高温引燃发生火灾[114]。未定期清理的油烟管道已成为重大安全隐患，威胁着人们的生命财产安全，也应值得我们保持警惕。

油烟管道不经常清洗，会有很多油渍残留在油烟管道内表面，久而久之会形成油垢。油烟管道内的油垢不仅会造成厨房排烟不畅，排油烟效果变差，室内滞留的油烟影响室内居住环境，而且当油污积累到一定量后，会大大降低厨房的安全性能，火灾诱发率大大提高。有统计表明，80%左右的厨房排烟不畅是由于长时间没有对油烟净化器的内置过滤网进行清洁。在澳大利亚，厨房是一栋建筑内发生火灾最常见的场所，占所有结构性火灾的 25%，这一比例在商业建筑中最高可到 50%[115]。近些年，各城市出台了一些关于餐饮营业单位油烟管道清洗的相关规定[116]，消防部门也一再提醒人们定期清洗厨房油烟管道内的油垢，特别是小区底商的饭店，定期彻底清洗烟道尤为重要。

油烟管道清洗内容包括烟罩表面、烟罩内的灯罩、排风口、排烟口及电机、灶台表面。油烟管道清洗的重点是排烟口与烟罩相连处并和烟罩同步平行的排油烟管道。传统的油烟管道清洗的方法包括以下 5 种。

（1）人工进入法：对于截面大于 40 cm×40 cm 的平行烟道可以人工作业进行清理，但这种方法劳动强度大，需要注意加强通风，保证照明条件。

（2）拆卸法：当烟道截面小于 40 cm×40 cm 时，人工无法进入时采用这种方法，技术人员根据现场实际情况，每隔一定距离拆卸一段烟道向两端延伸清理，拆卸法清理油烟管道效果好，但难度大，费用较高。

（3）开孔法：这种方法适用于人工无法进入且拆卸较为困难的烟道。作业时技术人员采用专用无火花开孔工具将管道的一方或多方开孔，开孔大小、距离、数量根据现场情况而定，油污清理完后将管道密封复原。

（4）机器设备清洗法：这种方法适用于油污较少，清洗周期短的烟道。作业时先向管道内喷洒清洗剂，使油污软化，再用 30 m 长的电动软轴刷将油污刷洗干净。

（5）空降法：这种方法主要用于清洗 50 cm×50 cm 的竖烟道，通过在烟道上方固定高空安全绳，技术人员从上至下清洗竖直烟道内的油污。这种方法危险系数较大，技术性较强，虽然清洗效果很好，但费用也较高。

由上述五种烟道清洗方法不难看出，传统清洗方法消耗了大量人力物力，工作环境也较为恶劣。因此，有专家学者呼吁开发设计用于油烟管道的不沾油管材（oil-free ducts）[117]，或者设计油烟管道清洗机器人，并辅之以摄像头，实现对油烟管道内的污染情况和清洗情况进行检测和监控[118]。如果油烟管道清洗机器人普及化，不仅可以解放油烟管道清洗的劳动力，降低劳动强度，极大地改善清洗作业的工作环境，还可以在一定程度上消除油烟管道清洗的死角，节约清洗成本，提高清洗的效率，也可以避免一些传统化学清洗试剂对环境的污染。

大连工业大学的钟文胜等[119,120]基于 ARM9（主控芯片 SAMSUNG S3C2410A）嵌入式系统，构造了一套电力驱动、履带式爬行运动的油烟管道清洗机器人系统。该机器人的主体材料为聚乙烯（材料密度为 0.9 g/cm³），强度高且不易变形；链式履带选用"短节距传动用精密滚子链"；摄像设备选用的是二自由度云台摄像机，其水平扫描和俯仰扫描分别由一个伺服电机和一个直流电机控制，两个自由度的叠加增强了摄像机大范围内的全方位的定位功能。机器人总体结构主要分为机器人外部机械装置和控制系统。机械装置主要由爬行装置（实现管道内运动作业）和喷杆运动机构组成，其中喷杆运动机构以爬行机构为搭载的平台，携带喷枪按照一定的运动轨迹运动：水平面的运动可以由机体本身的运动来完成，从而实现管道两侧的清洗作业；而管道上、下两表面的清洗需要给喷杆运动机构提供一个竖直平面的运动轨迹。在实际使用时，考虑到管道内油垢的厚度是不均匀分布的，还有些管道死角堆积了大量油垢的情况，需要喷杆保持一个位置来增加清洗力度；开发者还考虑到蜗轮蜗杆的自锁，只要动力机构停止供应动力，喷杆的位置就可以因自锁而保持住，所以喷杆运动机构选用齿轮加蜗轮蜗杆的传动方案。除此之外，设计组成员也完成了机器人在管道内的超声波避障模块设计，设计出的机器人能够在一定程度上取代人工清洗作业。

4.3　通风管道维护和保养

4.3.1　通风管道维护和保养的必要性

通风管道如果日常维护和保养不及时、不完备，会有积尘再次飞扬的可能，而这内部微环境的污染将会引发如下问题。

（1）威胁室内人员的身心健康。在日本厚生科学研究基金的资助下，日本的学者和技术人员开展了对空调风管内部污染实态的调查和对室内环境影响评价方面的研究。调查发现，空调风管内灰尘、气态污染物、微生物的污染程度十分严重，进一步研究证实室内的悬浮粉尘状物质与化学物质过敏症及病态建筑综合征有着不可分割的联系。

（2）污染制品或者使精密仪器发生故障甚至报废。半导体制造过程中，在进行曝光时，如果掩模上附有超量的灰尘就会大大降低大规模集成电路的成品率，从而影响产品的成本。因此，在曝光时极需要高透明度的防尘膜，而防尘膜的加工制造都需要在超净室内完成。从这个例子可以看出，对于一些对空气洁净度要求很高的精密仪器，不仅需要保持室内达到一定的洁净标准，而且也要杜绝从风管内输送出粉尘。

（3）表冷器、过滤器和风管的积尘会引起空调设备和系统性能的下降，这必然是一种能量和经济的双重损失。具体而言，积灰结垢后的表冷器肋片传热系数会下降进而降低空调机组的冷量和热量；积灰后风管沿程阻力会提升，阻力的提升将直接导致风管系统风量的下降。风管内部粉尘堆积量多，使得通风管道变窄，降低空气的置换效率，也就降低了空调的热效率，最终影响室内环境；而因风管污染导致空调通风系统性能下降引起能量的损失，则会导致使用成本的上升。

（4）对于一些特殊风管，如商用厨房油烟管道，积油量过大还可能引发火灾。在商用厨房的使用过程中，排烟罩及油烟管道会因油烟冷却逐步集聚油垢，在炒菜时，炉灶的火焰高达 200～400 mm，距离排烟罩很近，高温直接烘烤排烟罩，污油升温流淌。当排烟罩及风管内的污油遇到明火时，火焰经风机负压吸入，沿风管等途径迅速蔓延，极易引发火灾。由于火在烟道内燃烧，不易被及时发现，又极难实施扑救，以致烟道高温引燃其他可燃物，火势蔓延成灾。

（5）空调风管，尤其是在回风管内，粉尘量过大，而且纤维质粉尘量多，使风管内发生火灾的可能性较大。根据日本东京消防厅进行的一项风管内堆积粉尘着火实验，风管内粉尘的厚度如果超过 5 mm，一旦着火便很可能在风管内大量蔓延燃烧。为了防止这一类着火危险，一些厂家会在风管内部各防火区设置防火挡板，一旦火势扩大蔓延燃烧，挡板可以关闭阻止火情，但是粉尘附着量过大的话，会导致防火挡板动作不良或密闭性低下，不能很好地阻断火势的蔓延。

在后期维护和保养过程中，需要及时发现空调通风系统风管内是否存在积灰严重和积尘中细菌总数超标等问题，也要求能及时发现新风量不足原因，过滤器、表冷（加热）器积灰、冷凝水积水、送回风口表面有黑渍和积灰等问题。其中，当过滤器严重积灰时将极大增加能耗，此外过滤器配置率过低、级别不高对病态建筑综合征也有着很高的诱发率。因此，加强对空调通风管的管理和维护，适当提高过滤器级别，提高过滤器对有害气体的净化效率等，有利于改善通风管道污染情况。

4.3.2　通风管道清洗、消毒的维护和保养

随着社会的发展及经济生活水平的提高，中国消费者的观念早已发生翻天覆地的改变，不仅提高了对生活舒适性的要求，也有越来越多百姓和企业用自己的行动，倡导低碳节能的生活理念，构建现代化"绿色建筑"。中央空调系统、新风系统和净化系统越来越受到百姓和商场、企业、工厂等的欢迎，尤其是在高层建筑中。由于这三大系统铺设改装较为繁杂，价格也较为昂贵，因此尽可能延长整个系统的寿命显得格外重要，对系统进行维护和保养是延长系统寿命的根本保障，同时也是提高系统运行稳定性的基础。

中央空调系统简单来说，主要是由主机、制冷剂系统（水系统、氟系统）和末端设备组成的[121, 122]。因此，这一系统日常维护和保养主要是针对这三大组成部分来实行，以便使得这三大组成部分安稳运行及延长其使用寿命，充分发挥其产品价值。

中央空调系统主机的维护和保养直接决定着空调系统的稳定性。由于主机是由压缩机、蒸发器、冷凝器和制冷剂组成的，因此主机的维护和保养就集中在这四个部件上[123]：①检查压缩机运行电流、运行声音、工作电压、润滑油油位颜色；②定期对冷凝器、蒸发器清洗水垢；③检查制冷剂高低压及是否泄漏和是否需要补充；④检查水流保护开关、空气开关等开关是否正常工作；⑤检查空调主发动机的相序保护器是否有异常。而制冷剂系统的日常维护和保养工作也是必不可少的。

目前，国内市场上中央空调主要有水系统中央空调和氟系统中央空调，行业内一般俗称这两种中央空调分别为水机和氟机。氟机的日常维护需注意氟冷媒是否存在泄漏状况，是否需要补充氟冷剂。一些大型场所或者人员密集场所均配有中央空调冷却水系统，中央空调的水因为要在系统中循环反复使用，水中的可溶性物质会在水温升高蒸发后不断浓缩。冷却塔的水池更是这一系统中非常容易产生污染的一大场所。近年来，广西 14 个地级市公共场所集中式中央空调冷却塔水[124]、漳州市部分酒店/宾馆中央空调冷却塔中冷凝水[125]、天津空港口岸中央空调冷却塔水[126]、山东省泰安市 34 家公共场所集中空调冷却塔中冷却水和冷凝水[127]、武汉天河机场某航站楼和某局机关大楼中央空调冷却水[128]中均检测出军团菌。众多研究都已经证明军团菌可以在中央空调冷却水这个人工水环境生态系统中大量生长繁殖[129-131]，空调冷却水系统成为军团菌的理想生存环境和潜在传播源[132]。ASHRAE 在 2000 年曾发布行业标准 ASHRAE Guideline 12-2000[133]，

在这项名为 Minimizing the risk of legionellosis associated with building water systems 的标准中对建筑物内中央空调水系统中军团菌的生长、传播和控制进行了详细说明，旨在为降低建筑物内中央空调水系统军团菌风险。目前，发达国家对军团菌的控制均有一定的规范：美国职业安全和健康管理局（Occupational Safety and Health Administration，OSHA）和欧洲职业安全健康局（European Agency for Safety and Health at Work，EU-OSHA）都曾公布了冷却塔水中军团菌指标水平为低于 1/100 mL[134]；澳大利亚有关部门在 Guide to legionella control in cooling water systems，including cooling towers 标准中指出单纯采用水中军团菌数量来作为评价军团病暴发的可能性还存在诸多局限，因此推荐采用总菌数（total bacteria counts，TBC）来作为评价指标[135]；日本厚生劳动省规定冷却水中军团菌的检出浓度超过 100 cfu/100 mL 时，须进行清扫消毒措施，直到将军团菌的检出浓度降至 10 cfu/100 mL 以下[136]。因此，中央空调冷却水塔的微生物防治是一项世界性的重大议题。在日常维护和保养中，对中央空调水系统一是需要排放浓缩水、补充淡水；二是需要定期对可能产生微生物污染的冷却塔、水冷器等部件进行清洗、消毒，以保证中央空调水系统的水平衡和水质稳定。日常对水系统的清理维护可分为两种方式：物理净化法和化学净化法。前者包括高压水射流技术和超声波清洗技术；后者主要是通过添加化学试剂（包括除垢剂、杀菌剂、金属腐蚀抑制剂等）来进行水处理，达到去除污垢、抑制管路系统的金属材料发生电偶腐蚀现象[137, 138]及杀菌除菌的效果。有研究表明，含氯（如二氧化氯）[139-141]、溴[142]的氧化性杀菌剂对军团菌的杀灭效果较好，但会产生消毒副产物[143]。目前，我国和美国、日本、德国、英国等国家已验证并实际应用铜离子和银离子复合杀灭军团菌的方法[144-149]。近年来，日本甚至开始出现单独采用银离子杀灭军团菌的实际案例。

1. 中央空调通风系统的维护与保养

本部分着重介绍中央空调末端设备中通风管道的维护和保养工作，通风管道仅仅是中央空调系统中的一部分，但却对室内外空气置换和对流起到了承上启下的作用。通风管道是伴随着空调系统开启和关闭而产生作用的，其运行时间久，管线一般较长，内部微环境为微生物提供了绝好的生存条件，长年累月地运行使得通风管道内沉积相当量的灰尘，通风管道内的这些固体、气态、微生物污染源可以直接或间接地通过气流进入室内，危害人体健康或影响设备运行。此外，通风管道内积聚的尘埃还会导致空调系统风阻加大，设备性能降低，整体能耗增加。因此，在日常运行中，需要对空调系统通风管道进行维护和保养。

中央空调通风系统的维护与保养需要遵循以下几点原则[150]。

（1）定期检查中央空调的空气输送系统，包括管道、阀门、法兰、空气保护器等部位，确保通风系统无泄漏。

（2）在保证最小新风量的同时，合理控制与利用室外新风量。其基本宗旨是既要满足室内人员和设备所需的最小新风量，还要达到节能、抑制风管内扬尘等效果。

（3）根据不同空调通风管道，按实际情况制定相应的风管清洗方案，选取合适的管道清洗设备（机器人、软轴刷、风管钻、真空吸尘器等），确保最终的风管净化效果。

（4）在一些特殊地区或场合，大型中央空调在运行中会出现结露现象，这将导致风口滴水、天花渗水、墙面渗水发霉、墙面涂料脱落等情况，在给使用者带去不便的同时还增加了能耗，所以需要对设备管道进行保温处理，并对破损的保温材料进行更换。

2. 新风系统通风管道的后期维护和保养

新风系统属于暖通空调专业的通风范畴。在有些高等院校关于通风的教材中，关于"工业通风"作了定义：在局部地点或整个车间把不符合卫生标准的污浊空气排至室外，把新鲜空气或经过净化符合卫生要求的空气送入室内[151]。从这个定义中，我们明确认识到新风系统属于通风系统。这一系统一般有三个方面的功能：①满足室内卫生要求；②弥补排风；③维持房间正压。虽然新风系统是随着室外大气雾霾问题而得到老百姓关注的，但我们也需要认识到新风系统的重要性（详见第 1 章，此处不再赘言），它不会随着雾霾消失而最终消亡[152]。越来越多的工业和公共建筑中安装的新风系统实际案例告诉我们，新风系统未来理应成为建筑的标配（空调与新风系统基本是相互独立但可以结合的两套系统），这也是符合我们人类基本需求生存-温饱-舒适-健康-环保的发展规律的。针对新风管道，后期尤其需要对通风管道进行清洗和消毒。笔者单独将这一系统罗列出来，希望通过这一部分的介绍，让读者对新风系统通风管道的后期维护和保养有个更直观的了解和学习。

新风系统最重要和需要维护清洗的部位就是风口和滤网，滤网使用较长时间不更换的话，效果就会变得很差。而排风口是室内污浊空气排出的唯一通道，长时间的使用容易吸附大量的灰尘，使室内空气排放不畅，使部分污浊空气残留在室内，影响室内人的身体健康。

无管道式的新风系统可以跳过通风管道维护保养这一步，管道式新风系统在使用过程中，因为一直在通风状态，管道内很少会聚集灰尘。但是如果新风系统一直在排放油烟也要注意管道的清洗，可以找专业清洗人员来清洗管道的油烟。此外，还需要定期检查管道是否松动漏风，尤其是回风排风管道，如果漏风，会造成排风不彻底。

新风系统中的通风管道也需注意日常维护和保养，当出现以下情况时，需要对新风系统进行清洗或保养。

（1）滤网处有灰尘堆积和溢出，风量变小。

（2）感觉新风系统新风换气作用减弱，如室内空气供氧量不足、室内空气比之前污浊。

（3）新风系统噪声比之前大，影响到正常工作和休息。

（4）新风系统的热交换效率下降，夏天进来的新风越来越热，冬天进来冷风。

（5）新风系统的滤网等耗材达到或超过了更换期限。

定期对新风系统通风管道进行维护和保养有利于提高设备使用效率，降低设备能耗，延长其使用寿命，新风系统通风管道的维护需要从以下几个方面着手[153]。

（1）及时清洗风口及滤网：正常使用情况下，新风系统运行一段时间（3～6个月）后，进出风口会残留昆虫残骸，滤网会积聚一定量的灰尘。此时应该及时清理干净进出风口的昆虫残骸、尘埃，更换不能清洗的初效、中效、高效滤网，避免因二次污染及新风系统净化功能的减弱对室内空气质量的不利影响。此外，也应将风口上的灰尘清洗干净，以免堵塞、影响排送风效率。

（2）风机维护：新风系统的风机在使用达到一定时长后，风速会有所下降，则需要专业人员对系统进行定期的检查（一般为6个月一次），观察机器噪声是否变大，检查风机是否有异物等，清理风机，做好滤网的更换，长期不更换滤网会影响风机的阻力，从而导致风速下降，噪声变大。

（3）气密性检查：气密性不好是导致风量下降的直接原因，长期使用过程中新风机震动等容易导致新风管连接处松动，出现漏风现象，导致使用效果下降，应该及时进行维护。管道的气密性需要由专业的维修人员对其进行定期的检测与维护，发现问题应该及时致电商家或厂商进行协助维护。

（4）控制面板维护：新风系统的控制面板是比较精密的电气部件，长期使用会吸附大量的灰尘，聚集潮气，灰尘和潮气容易导致控制面板失灵或元件损坏，影响系统正常使用。在使用的过程中，应保持控制面板处干燥，同时避免湿手直接触碰控制面板等。

（5）热交换芯体的维护：目前市场上比较常用的热交换芯体有两种材质，一种纸质，一种铝质。纸质的热交换芯体是不能维护的，也不能清洗，只能更换。铝质热交换芯体的清洗方式有两种，一种是用高压水枪清洗，另一种是用高压气枪进行冲洗。清洗完晾干之后再装入机器。

新风系统运行时，滤网能够有效隔绝室外空气中的飘浮污染物及雾霾、病毒、细菌、霉菌、花粉等有害物质，但是长时间使用，出风口因静电原因会吸附大量空气中的灰尘，若不及时进行更换与清洗，灰尘容易滋生细菌，影响美观及健康，所以合理的维护和清理很有必要。

3. 通风管道清洗机器人的维护和保养

随着空调系统通风管道清洗标准的落地，以及国内外市场越来越正规化，通风管道清洗机器人作为这一行业的核心关键，长时间工作于恶劣多尘的通风管道内，不仅工作强度高，有时还需要连续数个小时甚至数天运行。因此，有必要对通风管道清洗机器人进行定期的维护和保养，以便及时探查并修复可能损毁的零部件，更换相应的软硬体；此外，使清洗机器人保持良好的运行状态，可以预防一些零部件过早老化，延长机器人服务年限。

通风管道清洗机器人后期维护和保养的具体操作流程可参考如下。

（1）通风管道清洗机器人工作完毕之后，应由专业的操作人员在遵守操作规程的前提下全方位地对机器人进行擦拭、清洗（需用专业的清洗消毒试剂，不可对机器人零部件有侵蚀作用），除去机器人本体上黏附的粉尘、异味等污染物。清洗后的机器人宜保持整体清洁、安全完好的状态。

（2）彻底检查机器人重要部位零组件、螺丝等，确保零组件无脱落损坏，如发现有问题须及时处理，或整修或更换，必要时对整台设备进行拆卸检查、调整和修复；对螺丝、锁扣进行加固处理，防止下次使用时发生脱落。

（3）如果是履带式清洗机器人，还需要检查履带是否有松动或磨损，如果发现松动须及时紧固；如果发现磨损宜及时更换。

（4）调整各运动部件之间的合理间隙，调试清洗机器人的驱动系统和控制系统，检查机器人是否能够正常驱动，以及检查连接线路是否安全可靠，能否在控制系统控制下正常操作以及操作上是否精确。

（5）最终确保通风管道清洗机器人外观清洁、重要部位零组件和螺丝无损坏松动、履带加固、驱动和控制系统操作正常、设备正常运转、操作灵活精确。

（6）对达到维护保养需求的机器人进行入库存放，将一系列配套设施有序、整齐摆放。

4.4　本章小结

本章主要介绍了通风管道净化方案的设计总理念，列举了目前国内外一些风管净化的实际案例，通过这些实际案例的介绍可以了解目前市场上空调通风系统通风管道内污染物净化的相关措施和行业标准，既为消费者提供了一些风管清洗消毒的实际经验，也为相关部门制定新的法规、法令和标准提供了一定的实践依据。本章最后介绍了空调系统和通风系统中风管清洗消毒之后后期的保养和维护工作。通过对通风管道及清洗机器人的检查、清扫、消毒、维护和保养，能够大大提高风管的性能和系统的功效，为我们生活、学习、工作创造出既舒适又符合工艺生产条件的健康、安全和洁净的空气环境。从提高室内空气质量的角度看，不仅要对风管进行清扫、洗净、消毒，还要对风管实时状态的污染程度进行诊断，判断对风管进行净化处理的恰当时间。此外，在风管净化后还应对其进行定期的检查和维护，发展出一套实用的空调风管的管理制度，包括风管清洗前后的检查、诊断和清洗消毒后的维护、保养等全面性的工作内容。

参 考 文 献

[1] 黄华恒. 浅谈某商业综合体绿色空调技术的应用[J]. 低碳世界, 2016（29）：172-173.

[2] 代小龙, 孙家宽. 热泵：21世纪的绿色空调——国网河南电力开展热泵项目促发展[J]. 国家电网, 2014（8）：40-42.

[3] 白建军, 师拓, 徐修宝. 浅谈净化空调与普通空调系统的异同[J]. 施工技术, 2007（S1）：425-428.

[4] 伍常青. 石化设备高压水射流管道清洗应用探讨[J]. 中国设备工程, 2019（15）：140-141.

[5] 邝志华. 高压水射流技术在武山铜矿管路除垢中的应用[J]. 铜业工程, 2019（03）：101-104.

[6] 周敏, 张建安. 高压水射流技术在管道清理工程中的应用[J]. 水电与新能源, 2019, 33（5）：51-53.

[7] 许彦坤. 水力与机械联合清洗管道技术研究[J]. 流体机械, 2019, 47（5）：7-12.

[8] 王洪伦. 高压水射流技术在建筑业中的应用研究[M]//2007年中国机械工程学会年会论文集. 北京：中国机械工程学会, 2007.

[9] 窦艳涛, 周梅, 赵隽, 等. 聚合釜高压水射流清洗技术的研究现状[J]. 化工机械, 2018, 45（3）：277-281.

[10] 蔡春雷. 超空泡高压水射流用于海水换热器管道清洗的研究[D]. 徐州：中国矿业大学, 2019.

[11] 王伟, 李慎庭, 李进军, 等. 催化装置油浆蒸汽发生器高压水射流清洗方式初探[J]. 清洗世界, 2017, 33（9）：4-7.

[12] 程效锐, 张舒研, 马亮亮, 等. 高压水射流技术的应用现状与发展前景[J]. 液压气动与密封, 2019, 39（8）：1-6.

[13] 杨静. 高压水射流解堵工艺在采油七厂应用性探讨[J]. 化学工程与装备, 2018（5）：86-87.

[14] 崔汝东, 王青, 岳宗领. 高压水射流解堵技术推广应用[J]. 内江科技, 2015, 36（2）：45, 60.

[15] 牛涛, 徐依吉. 高压水射流与机械联合破岩技术清除油管水泥堵塞物[J]. 清洗世界, 2008（4）：5-7, 13.

[16] 李霞, 苏渊博. 高压水射流切割机器人原理及应用[J]. 智能机器人, 2018（4）：52-55.

[17] 张永将, 黄振飞, 李成成. 高压水射流切割缝自卸压机制与应用[J]. 煤炭学报, 2018, 43（11）：3016-3022.

[18] 刘海青, 王志文, 成明, 等. 高压水射流切割技术发展及应用现状[J]. 机床与液压, 2018, 46（21）：173-179.

[19] 齐中熙, 李志勇, 王晔彪. 京津城际铁路通车运营[EB/OL]. http://www.ce.cn/xwzx/gnsz/szyw/200808/01/t20080801_16367839.shtml[2008-08-01].

[20] 中华人民共和国国家发展和改革委员会. 关于印发《中长期铁路网规划》的通知（发改基础〔2016〕1536号）[EB/OL]. http://www.ndrc.gov.cn/zcfb/zcfbghwb/201607/W020160802639956019575.pdf[2019-10-15].

[21] 赵春. 我国高速铁路的发展概况与趋势探析[J]. 科技创新与应用, 2014（1）：200.

[22] 王川平. 铁路客车空调系统积尘的影响及采取的对策[J]. 铁道运输与经济, 2006, 28（9）：82-83.

[23] 中华人民共和国国家铁路局. 铁道车辆空调 空调机组（TB/T 1804—2017）[S]. 北京：中国铁道出版社,

2017.

[24]　施红生，雷学军，赵亚林，等. 铁路客车集中空调通风管道智能化清扫消毒成套设备的研制[J]. 中国铁道科学，2011，32（5）：140-144.

[25]　中华人民共和国铁道部. 25T 型客车检修规程（A1、A2、A3 级修程）[M]. 北京：中国铁道出版社，2006.

[26]　刘萍，张峰，马金龙，等. 西安市地铁 2 号线运营前集中空调系统微生物污染状况[J]. 环境与职业医学，2013，30（8）：616-618.

[27]　王迪，沈恒根. 上海市一号线地铁站空气质量调研分析[J]. 建筑热能通风空调，2019，38（8）：44-47.

[28]　陈旭锐. 客流量和室外环境对地铁空气质量的影响分析[J]. 科技经济导刊，2019，27（14）：137-138.

[29]　王怀记，毛翔，石斌，等. 武汉市地铁空气细颗粒物中金属污染物的健康风险评估[J]. 公共卫生与预防医学，2019，30（1）：106-108.

[30]　刘进宇. 密集人群条件下地铁车厢热环境研究[D]. 青岛：青岛理工大学，2018.

[31]　苏朗. 基于信息融合的地铁车厢空气质量评价研究[J]. 信息与电脑（理论版），2018（22）：26-27.

[32]　石斌，陈杰，何振宇，等. 地铁集中空调通风系统消毒效果研究[J]. 中国卫生工程学，2016，15（4）：314-317，321.

[33]　Jeon S W，Jeong W，Park D，et al. Design of an Intelligent Duct Cleaning Robot with Force Compliant Brush[C]. Control，Automation and Systems（ICCAS）. 2012 12th International Conference on IEEE，2012.

[34]　Seaton A，Cherrie J，Dennekamp M，et al. The London underground：Dust and hazards to health[J]. Occupational and Environmental Medicine，2005，62（6）：354-362.

[35]　Osaka Winton Co.，Ltd. Air conditioning cleaning：ACVA[TM]（Air Conditioning and Ventilation Access）System[EB/OL]. http：//www.osaka-winton.co.jp/en/air_conditioning/[2019-09-22].

[36]　Wakimoto S，Nakajima J，Takata M，et al. A micro snake-like robot for small pipe inspection[J]. Proceedings of 2003 International Symposium on Micromechatronics and Human Science，2003：303-308.

[37]　Takahide S，Takeshi K，Akio I. A decentralized control scheme for an effective coordination of phasic and tonic control in a snake-like robot[J]. Bioinspiration and Biomimetics，2012，7（1）：016005.

[38]　Jiang S，Deng Z，Li G. Study on the Tri-axial differential and its application in the driving system of wheel-type in-pipe robot[J]. China Mechanical Engineering，2002，13（10）：877-879.

[39]　熊倩飞，李莲. 基于 DSP 的中央空调风管清洁系统的设计[J]. 天津理工大学学报，2012，28（2）：23-26.

[40]　费振佳. 履带式管道机器人设计及仿真研究[D]. 青岛：青岛大学，2016.

[41]　李帅衡. 履带式管道机器人的结构设计与运动学分析[J]. 价值工程，2019，38（24）：197-199.

[42]　Higuchi T，Suzumori K，Tadokoro S. Actuation of Long Flexible Cables Using Ciliary Vibration Drive，in Next-Generation Actuators Leading Breakthroughs[M]. London：Springer-Verlag，2010.

[43]　Isaki K，Niitsuma A，Konyo M，et al. Development of an Active Flexible Cable by Ciliary Vibration Drive for Scope Camera[C]. 2006 IEEE/RSJ International Conference on IEEE，2006.

[44]　Chatterjee R. Nagai M. Matsuno F. Development of modular legged robots：Study with three-legged robot modularity[J]. Proceedings of 2004 IEEE/RSJ International Conference on Intelligent Robots and Systems（IROS），2004：1450-1455.

[45]　李春明，王义甫，远松灵，等. 六足步行机器人足式布局研究与分析[J]. 内蒙古科技与经济，2019（15）：94-96.

[46]　何玉东，王军政，柯贤锋，等. 足式机器人的稳定行走[J]. 机械工程学报，2016，52（21）：1-7.

[47]　林海. 多关节管道机器人结构设计与仿真[M]. 绵阳：西南科技大学，2019.

[48]　王强. 一字型蠕动式管道驱动行走机构力学性能分析[J]. 大庆：东北石油大学，2018.

[49] Tanise Y，Taniguchi K，Yamazaki S，et al. Development of an air duct cleaning robot for housing based on peristaltic crawling motion[J]. 2017 IEEE International Conference on Advanced Intelligent Mechatronics（AIM），2017：1267-1272.

[50] 中村太郎. 生物の動きに学ぶロボット開発の最前線～ミミズがロボットの先生だった！？～[EB/OL]. https：//yab.yomiuri.co.jp/adv/chuo/opinion/20140224.html[2019-12-04].

[51] 岸達也，池内愛，中村太郎，等. 連続したエルボ管を有する 1 インチガス管通過可能な蠕動運動型検査ロボットの開発（特殊移動ロボット（1））[J]. ロボティクス・メカトロニクス講演会講演概要集，2013，2A1-P01：1-4.

[52] 池内愛，岸達也，中村太郎. 空気圧人工筋肉を用いた細管検査用蠕動運動型ロボットの開発-エルボ管を含んだ長距離細管走行への適用[J]. ロボティクスシンポジア予稿集（ロボティクスシンポジア講演論文集），2014，19：96-101.

[53] 堀井翔太. 蠕動運動を規範とした細管・曲管走行のための工業用内視鏡ロボットの開発[J]. 大学院研究年報理工学研究科編，2012，42.

[54] Tesen S，Saga N，Satoh T，et al. Peristaltic Crawling Robot for Use on the Ground and in Plumbing Pipes[J]. Romansy 19-Robot Design，Dynamics and Control，2013：267-274.

[55] Saga N，Tesen S，Sato T，et al. Acquisition of earthworm-like movement patterns of many-segmented peristaltic crawling robots[J]. International Journal of Advanced Robotic Systems，2016，13（5）：1-10.

[56] Jennifer C. Soft autonomous robot inches along like an earthworm: Flexible design enables body-morphing capability[N]. MIT News，[2012-08-10].

[57] Massachusetts Institute of Technology. Soft autonomous robot inches along like an earthworm: Flexible design enables body-morphing capability[N]. ScienceDaily，[2019-09-20].

[58] Seok S，Onal C D，Cho K J，et al. Meshworm: A peristaltic soft robot with antagonistic nickel titanium coil actuators[J]. IEEE/ASME Transactions on Mechatronics，2013，18（5）：1485-1497.

[59] 艾迪，金伟，喻春望，等. 自适应式室内风道清扫机器人的系统设计与运动分析[J]. 科技创业月刊，2017（6）：126-129.

[60] 郭忠峰，陈少鹏，毛柳伟，等.主动变径管道机器人结构设计及其 ADAMS 仿真研究[J]. 机床与液压，2019，47（15）：21-23，48.

[61] 任君坪. 多功能管道机器人管径自适应技术研究[D]. 重庆：重庆科技学院，2018.

[62] 王贝，王刚，邬凯，等. 自适应管道机器人驱动系统设计[J]. 机电技术，2019（4）：47-50.

[63] 王亦臣. 一种新型管道机器人自适应管径机构[J]. 机器人技术与应用，2017（6）：45-48.

[64] 李春林，程百慧，王大伟，等. 管径自适应轮式管道机器人设计[J]. 石油矿场机械，2010，39（6）：39-42.

[65] 龚俊，谯正武. 管道机器人自适应管径调节机构的研究与仿真[J]. 机械传动，2009，33（3）：49-51，72，129.

[66] 孙康岭，李洪军，辛太宇，等. 中央空调风管清洗机器人关键技术研究[J]. 机床与液压，2018，46（15）：20-23.

[67] 王安敏，王琪忠，何兆民. 中央空调风管清洗机器人关键技术分析[J]. 机电工程技术，2005，35（10）：47-49.

[68] 赵杰，刘芳. 工程管理综合实训教程[M]. 北京：北京交通大学出版社，2013.

[69] 谢晶，陈维刚. 中央空调技师手册[M]. 上海：上海交通大学出版社，2013.

[70] 王殿君，李润平，黄光明. 管道机器人的研究进展[J]. 机床与液压，2008，36（4）：185-187.

[71] 张云伟，颜国正，丁国清，等. 煤气管道机器人管径适应调整机构分析[J]. 上海交通大学学报，2005，

39（6）：950-954.

[72] 陈廷辉，蔡志远. 采用电力载波模块对控制与保护开关的远程控制方案[J]. 低压电器，2010（23）：33-36.

[73] 孙康岭，杨兆伟. 基于电源线载波的有缆管道机器人通信系统[J]. 制造业自动化，2012，34（12）：97-99.

[74] 商元吉. 基于 CPS 的楼宇环境营造系统空调设备节能优化研究[D]. 西安：西安建筑科技大学，2018.

[75] 徐峰. 自动化在节能控制中的应用研究—以楼宇节能控制为例[J]. 内燃机与配件，2018（4）：243-244.

[76] 田菲. 楼宇自动化控制系统在机场建筑节能中的应用[J]. 中国设备工程，2017（21）：62-63.

[77] Ascione F，Bellia L，Capozzoli A，et al. Energy saving strategies in air-conditioning for museums[J]. Applied Thermal Engineering，2009，29（4）：676-686.

[78] Simmons M L，Gibino D J. Energy-saving occupancy-controlled heating ventilating and air-conditioning systems for timing and cycling energy within different rooms of buildings having central power units[P]. US Patent：US6349883B1[2002-02-26].

[79] 小田原健雄，岡本健司，坂本優大，等. 暖寒色を利用した省エネ空調制御システムの構築[C]. 横浜市：情報処理学会第 78 回全国大会，2016.

[80] 中田健司，歌谷昌弘，永田武. 室内環境と省エネルギーの両立を目指した赤外線通信機能を用いたエアコン制御方式[J]. 電気学会論文誌 D（産業応用部門誌），2014，134（12）：1016-0121.

[81] 川端克宏. 空調の技術革新とその産業への展開[C]. 草津市：日本機械学会関西支部第 94 期定時総会講演会，2019.

[82] 宋章军，陈恳，杨向东，等. 通风管道智能清污机器人 MDCR-I 的研制与开发[J]. 机器人，2005，27（2）：142-146.

[83] 范林. 中央空调风管清洗改善室内空气品质[J]. 清洗世界，2004，20（4）：14-18.

[84] 洪雅洁，张淑云，关磊，等. 大连市公共场所集中空调通风系统管道污染状况调查[J]. 现代医药卫生，2004，20（13）：1309-1310.

[85] Siegel J，Walker I，Sherman M. Dirty air conditioners：Energy implications of coil fouling[J]. ACEEE Summer Study on Energy Efficiency in Building，2002（1）：287-300.

[86] 何琴. 中央空调管道清洗机器人控制系统设计[J]. 机电工程，2011，28（8）：944-947.

[87] 黄颖，李妍，马殿雨，等. 通风管道清洗机器人的控制系统设计[J]. 电工电气，2017（11）：6-9.

[88] 金松. 非等径、变截面管道清洗机器人控制系统研究[J]. 电气传动，2006，36（7）：26-29.

[89] 毛立民. 通风除尘管道清洗机器人的开发[J]. 清洗世界，2005，21（12）：23-27.

[90] 韩康康. 关于集中式空调通风系统清洗若干问题的思考[J]. 洁净与空调技术，2006，（3）：31-38.

[91] 刘莹，申超，邵泉钢，等. 中央空调管道式通风系统清洁机器人[J]. 机械科学与技术，2011，30（3）：435-439，443.

[92] 聂一新，刘燕敏. 空调系统积尘对其性能的影响[C]//上海市制冷学会二〇〇三年学术年会论文集. 上海：上海市制冷学会，2003.

[93] 朱小洁. 浅谈医院中央空调系统运行管理中的节能措施[J]. 江西建材，2017（24）：47，51.

[94] 陈赞保. 医院中央空调系统节能控制策略研究[J]. 节能，2019，38（8）：9-10.

[95] 叶成杰. 中央空调系统方案设计及节能分析[J]. 应用能源技术，2019（8）：38-40.

[96] 沈奇，张抒怡. 医院中央空调用能的诊断及改造技术[J]. 能源研究与管理，2018（3）：87-90.

[97] 张振. 医院中央空调低碳节能的改造策略[J]. 科技创新导报，2018，15（24）：58-59.

[98] Fifield L J，Lomas K J，Giridharan R，et al. Hospital wards and modular construction：summertime overheating and energy efficiency[J]. Building and Environment，2018，141：28-44.

[99] Chen Y Y. Study on energy-saving design and operation of hospital purification air conditioning system[J].

International Journal of Low-Carbon Technologies，2018，13（2）：184-190.

[100] 東京都環境局，東京都地球温暖化防止活動推進センター. 病院の省エネルギー対策（改訂版）[EB/OL]. http：//www.kankyo.metro.tokyo.jp/[2019-09-22].

[101] 環境省地球環境局. 民生（業務）分野における温暖化対策技術導入マニュアル[EB/OL]. https：//www. env.go.jp/earth/report/h15-07/all.pdf[2019-12-03].

[102] 万枫，豆媛媛，田锋. 2014—2017 年新疆乌鲁木齐市妇幼保健医院中央空调系统军团菌检测结果[J]. 职业与健康，2018，34（17）：2392-2395.

[103] 林荣，张承秀. 医院中央空调通风系统污染状况调查[J]. 中国消毒学杂志，2008（03）：232.

[104] 凌红，朱小平，许晓萍，等. 医院中央空调通风系统消毒管理现状调查与循证干预[J]. 中华医院感染学杂志，2012，22（12）：2603-2605.

[105] 金鑫，韩旭，耿莉，等. 2006—2012 年我国公共场所集中空调通风系统嗜肺军团菌污染状况 meta 分析[J]. 环境与健康杂志，2015，32（3）：225-230.

[106] 王正革，何旺杰. 2012 年南阳市公共场所中央空调系统军团菌污染状况调查[J]. 河南预防医学杂志，2013，24（5）：366，371.

[107] 王大伟，杨月清，杨海荣，等. 呼和浩特市公共场所中央空调军团菌污染状况调查[J]. 中国公共卫生，2012，28（08）：1133.

[108] 钱沂，许晓萍，张金兰. 过氧乙酸对医院中央空调通风管道消毒的效果[J]. 江苏医药，2015，41（10）：1216-1218.

[109] 吴湘人. 清理油烟管道这笔钱省不得[N]. 苏州日报，[2018-04-04]（A06）.

[110] 王春三. 油烟管道火灾成因及应对措施初步探讨[J]. 江西化工，2014（4）：242-243.

[111] 张田莉. 餐饮业厨房油烟道火灾成因及防控对策[J]. 消防技术与产品信息，2011（8）：16-18.

[112] 王春三. 浅析排油烟管道火灾发生原因及预防措施[J]. 科技创新导报，2010（34）：107.

[113] 宣克炅. 油烟管道惹祸 松江区一肉食品加工厂起火[EB/OL]. http：//sh.eastday.com/m/20180312/u1ai11283782. html[2018-03-12].

[114] 韶关消防. 拘留！大排档油烟管道未清洗酿火灾[EB/OL]. http：//gd.news.163.com/shaoguan/19/0720/13/ EKHH13L404179HVH.html[2019-07-20].

[115] The Australian Institute of Refrigeration，Air Conditioning and Heating. Fire safety—kitchen hood exhaust systems[Z]. Technical Bulletin，2016.

[116] 王殿君，李润平，黄光明. 管道机器人的研究进展[J]. 机床与液压，2008，36（4）：185-187.

[117] Holopainen R，Asikainen V，Tuomainen M，et al. Effectiveness of duct cleaning methods on newly installed duct surfaces[J]. Indoor Air，2003，13（3）：212-222.

[118] 金秀慧，伊连云，付莹莹，等. 基于通用运动学模型的移动机器人壁障路径规划[J]. 机械工程师，2005（12）：34-35.

[119] 钟文胜，陶学恒，卢金石. 油烟管道清洗机器人关键技术研究[J]. 组合机床与自动化加工技术，2013（4）：122-124，128.

[120] 钟文胜. 油烟管道清洗机器人关键技术研究[D]. 大连：大连工业大学，2013.

[121] 何耀东，何青. 中央空调实用技术[M]. 北京：冶金工业出版社，2006.

[122] 张少军，杨晓玲. 图说中央空调系统及控制技术[M]. 北京：中国电力出版社，2016.

[123] 易杰，张银婷. 中央空调系统维护及保养探究[J]. 中国战略新兴产业，2018（36）：196.

[124] 廖和壮，林玫，权怡，等. 广西 2009—2012 年集中式中央空调冷却塔水嗜肺军团菌调查[J]. 中国热带医学，2013，13（6）：693-694，699.

[125] 张丽蓉,郭宝羡,姚海燕,等. 漳州市 2014 年部分酒店/宾馆中央空调冷却塔/冷凝水嗜肺军团菌污染调查[J]. 海峡预防医学杂志, 2015, 21（5）: 62-63.

[126] 韩辉,左锋,吴海磊,等. 天津空港口岸中央空调冷却塔水检出军团菌以及消毒处理效果评价[J]. 中国国境卫生检疫杂志, 2016, 39（1）: 33-35.

[127] 张新峰,胡春红,王长勇,等. 泰安市公共场所集中空调冷却塔冷凝水军团菌污染现状及消毒效果调查[J]. 中国消毒学杂志, 2016, 33（4）: 318-320.

[128] 肖登峰,招为国,刘俊. 武汉天河机场某航站楼和某局机关大楼中央空调军团菌检测研究[J]. 口岸卫生控制, 2012, 17（2）: 27-29.

[129] 林海江,蒋伟利,郭奕芳,等. 中央空调冷却塔水军团菌生态特征实验研究[J]. 中国卫生检验杂志, 2007（8）: 1395-1396, 1501.

[130] 赵金辉,徐东群. 军团菌污染现况及预防措施研究进展[J]. 卫生研究, 2006（6）: 818-821.

[131] 朱水荣,叶菊连,孟真,等. 浙江省首次从空调冷却塔水中分离到军团菌[J]. 中华流行病学杂志, 2004（9）: 95-96.

[132] 张凌娜. 电化学技术控制生物膜和军团菌的机理研究[D]. 上海: 同济大学, 2006.

[133] American Society of Heating, Refrigerating and Air-Conditioning Engineers. Minimizing the risk of legionellosis associated with building water systems（ASHRAE Guideline 12-2000）[S]. Atlanta, GA, 2000.

[134] Katalin S, EU-OSHA. Legionella and legionnaires' disease: A policy overview[Z]. European Agency for Safety and Health at Work, 2011.

[135] The Office of Industrial Relations. Guide to legionella control in cooling water systems, including cooling towers[EB/OL]. https://www.worksafe.qld.gov.au/__data/assets/pdf_file/0018/170523/guide_legionella-control.pdf[2019-09-21].

[136] 日本厚生労働省. 新版レジオネラ症防止指針（概要）[Z]. https://www.mhlw.go.jp/www1/houdou/1111/h1126-2_13.html[1999-11-26].

[137] 李春玲,顾翔宇,于志臻,等. 医院中央空调循环水系统生物膜检测及控制措施[J]. 中国感染控制杂志, 2015, 14（2）: 101-104.

[138] 黄坤荣. 医院中央空调的系统维护与保养探究[J]. 机电信息, 2018（3）: 126-127.

[139] 胡元玮,徐卸佐,朱淑英,等. 含氯消毒剂对水、淤泥、生物膜中嗜肺军团菌杀灭效果观察[J]. 中国消毒学杂志, 2011, 28（5）: 547-548, 551.

[140] 张超英,鲁晓晴. 三种含氯消毒剂杀灭嗜肺军团菌效果的比较[J]. 山西医药杂志, 2002（1）: 10-11.

[141] 冯文如,钟嶷,刘世强,等. 氯消毒剂对冷却塔军团菌的现场杀灭效果评价[J]. 热带医学杂志, 2006（3）: 322-324.

[142] 陈越英,吴晓松,孙俊,等. 二溴海因对嗜肺军团菌杀灭效果及其影响因素的实验研究[J]. 中国消毒学杂志, 2009, 26（2）: 121-122, 125.

[143] Lin Y S E, Stout J E, Yu Victor L, et al. Disinfection of water distribution systems for Legionella[J]. Seminars in Respiratory Infections, 1998, 13: 147-159.

[144] 周卓为,石笛,冼英华,等. 三种方法对集中空调冷却塔水中嗜肺军团杆菌的消毒效果观察[J]. 中国消毒学杂志, 2013, 30（2）: 121-123, 126.

[145] 周昭彦,胡必杰,于玲玲,等. 3 种方法对供水系统嗜肺军团菌、阿米巴原虫及生物膜消毒效果的比较[J]. 中华医院感染学杂志, 2010, 20（12）: 1657-1660.

[146] 沈晨,赵锂,傅文华. 公共场所沐浴水中军团菌灭杀技术的研究与进展[J]. 给水排水, 2012, 38（8）: 121-125.

[147] 韩铁军,龙一兵,高霞,等. 军团菌的杀灭试验研究[J]. 环境与健康杂志, 2008（10）: 900-901.

[148] Khaydarov R A，Khaydarov R R，Olsen R L，et al. Water disinfection using electrolytically generated silver，copper and gold ions[J]. Journal of Water Supply：Research and Technology，2004，53（8）：567-572.

[149] Rohr U，Senger M，Selenka F. Effect of silver and copper ions on survival of Legionella pneumophila in tap water[J]. International Journal of Hygiene and Environmental Medicine，1996，198（6）：514-521.

[150] 邹昌杰. 中央空调节能措施及维护与保养[J]. 广东建材，2011（7）：79-82.

[151] 孙一坚. 工业通风[M]. 3 版. 北京：中国建筑工业出版社，1994.

[152] 徐文华. 建筑新风系统的探讨[J]. 建设科技，2019（1）：24-29.

[153] 美景舒适家. 新风系统后期需要定期清理维护吗？如何清洁新风管道？[EB/OL]. https：//wenku.baidu.com/view/694dc52aa55177232f60ddccda38376baf1fe0fb.html[2019-04-01].

后　记

改革开放以来，国内城市化进程飞速加快，高层楼宇大型商场的空调机普及率大幅度上升，但由于其过滤器的效率不可能达到100%，空调设备内部也会生锈和结晶等，长期堆积形成风管内的尘埃和污染物质，如果这些污染物不能得到及时的清扫，则会由于风阻的加大而损耗能源[1]，同时还会使室内的空气受到污染，诱发细菌滋生，传染疾病，严重影响人们的生活质量。

研究表明，我国高达75%以上的通风风管受到不同程度的污染，据不完全统计，全国有超过700万个各类中央空调的使用单位，并且每年都在飞速递增，但是，90%以上的中央空调风管系统存在细菌污染。许多环境学者指出很多情况下室内空气污染可比室外空气污染严重20~50倍，室内环境的品质直接关系到人类健康，而调查显示有40%~53%的室内空气污染是由风管内的污染物引起的[2]。正是由于中央空调通风系统污染所造成的危害，特别是"非典"之后，人们健康意识普遍提高，国家的重视程度也达到了空前高度，我国通风管道清洗出现了转机，再加上通风系统的清洁度与空调系统节能也有较大关系，因此，通风系统的清洗相关技术的研究和发展已经成为当今社会的必需。

随着科学技术的日新月异，空调通风管道净化技术也飞速发展，净化方法也更加高效化、自动化、多样化；政府也不断出台新的标准和法规来规范监督空调管道清洗行业，很多地方也已成立相应的空调清洗行业协会来引导空调清洗行业的发展，但现阶段我国通风管道净化行业还存在不少问题需要解决。

1. 通风管道清洗机器人

1）能源供给问题

能源供给的问题限制了管道机器人的长距离作业，从能源供给方式上看，大致可以分为两类，即有缆式和无缆式。对于有缆作业方式的机器人，存在的问题是，在机器人进行长距离的作业时需要拖动沉重的线缆，尤其是在有弯管、"T"形管等复杂的管道情况下，线缆与管道之间会产生强大的摩擦力，增加了机器人的牵引力，给行走带来一定的困难，机身稳定性也随之降低，随着作业距离的增长，这种现象会加剧。另外，受线缆电阻的影响，随着线缆的增长，电压的损失会很严重，导致机器人很难正常工作，要解决这一问题，需要远程调压技术[3]。

对于无缆作业方式的机器人，其能源供给主要是其自身携带的蓄电池，但是这种方式的缺点是，蓄电池的容量小，难以维持长距离作业的能量需求，一般不超过500 m。如果长距离的作业，机器人面临的风险是——有去无回。此外，携带蓄电池增加了机器人机身的重量，也使得机器人的体积增大。因此，提升管道机器人能源供给的效率和稳定性是一个亟须解决的问题

2）通信问题

管道机器人在管内作业时，需要将传感器采集到的信息传输到管道外的信号接收装置，工作人员根据传来的信息对机器人发出指令，因此，信息传输的可靠性直接决定了机器人能否正常作业，一般信息传递有两种方式，即有缆方式和无缆方式。有缆通信方式会给机器人在管道内行走带来巨大的阻力，尤其在管道环境恶劣的情况下，如管内存在各种凸起凹陷、杂质、弯角等，这些缺陷可能会使线缆和管道之间的摩擦力大到机器人无法行走。无缆通信方式减小了机器人的负载，使机器人轻松地在管道内行走[4, 5]，但无缆通信方式需要解决信号传递的有效性，信号在经过管道时的强度会有所衰减，特别是金属管道具有屏蔽作用，很难穿过金属管道传送给机器人，加上长距离的作业要求，实际应用较少，所以目前管道机器人的通信方式大多采用有缆通信方式。

3）对带有各种弯管接头的复杂管道的通过性问题

管道机器人的通过性是指机器人在复杂管道环境条件下，克服各种障碍顺利通过的能力。管内通过性是管道机器人研究的重点之一，主要涉及的是弯管、"T"形管、变径管等复杂管道的通过性。机器人要在这种复杂环境中顺利行走必须满足三个条件，即形封闭、力封闭、足够的驱动力。实际上管道通过性是一个综合性问题，它不仅涉及机器人的机械结构，还涉及控制的问题[6-7]。而机器人的机械结构是能否通过管道的一个最基本的前提条件，合理控制系统有助于机器人自如的通过。管道机器人若具有很好的弯道通过性，其驱动轮和行走机构必须具有弹性。管道长期使用会产生大量的障碍物，机器人与这些障碍物的直接接触会因为碰撞而产生损害，因而需要设计相应的控制策略来尽量避免机器人与障碍物的直接接触，这就是碰撞中的规避问题。目前在管道机器人的研究中，管道的通过性研究还存在不足，尤其是在弯管、"T"形管，以及越障的研究上还存在很大不足。随着工业的发展、管道的大量应用，研究管道机器人的通过性问题具有重要的应用价值。

4）运动参数和管道环境的自主识别问题

准确判定和识别管道内部环境是管道机器人在管道内顺利行走和作业的前提条件。目前，光电编码器是大多数管道机器人管内参数的识别和判定所采用的设备，这种方法比较简单，但是从实际情况来看，机器人在管内行走时，由于各种原因，行走轮会出现打滑现象，这就给码盘的准确测量带来了很大的麻烦，提供

的结果往往会有出入[9, 10]。而且使用这种单一的传感器，不能提供机器人的运动方位坐标，在作业位置很模糊的情况下，这种方式很难实现机器人作业位置的定位。管道机器人在管内的运动参数主要有机器人平面与管道平面的夹角、机器人的倾斜角等。目前，机器人运动参数的识别主要依靠倾角传感器、CCD（电荷耦合器件）摄像机等来完成，但是在实际的工作场合，还是需要人工的参与才能完成。工程实际中，管道是由各种管道与接头焊接而成的，除了常见的直管，还存在大量的变径管、弯管、"T"形管等。机器人要在这种复杂的管道环境下正常行走和作业，就必须有一定的自主识别能力，如是左转还是右转、是否有障碍等。但是目前情况下，大多数管道机器人还没有这种自主识别的能力，常常是在人的辅助操作下才能完成环境的识别。

5）复杂管道情况下的运动导航及定位问题

中央空调中往往存在复杂管道，管道机器人要在复杂管道中行走和作业，需要借助管内参数识别技术。管内参数识别技术的运用可以减轻操作人员的负担和增加机器人的智能程度。目前，世界上所研制的管道机器人对复杂管道的适应性还比较低，管道内的运动导航及其定位自主性差。在结构不规则的管道环境中，管道机器人的视觉系统起着重要的作用，利用视觉传感器可以识别管道环境，以及机器人的姿态等，从而实现机器人的自主导航和定位。因此在管道机器人上装载视觉传感器可以弥补单一传感器的不足，有利于提高控制性能和自主性，并对其智能化具有重要意义[11, 12]。

上述 5 种问题是目前管道机器人研发中出现的问题，它们直接影响着管道机器人的发展和实用性，这些问题的产生主要是由于当前情况下管道机器人技术的局限性，此类局限性与相关的关键技术在实践过程中的应用及其实施的合理性和科学性有很大的关联性，同时也受到技术领域方面科学水平的限制等。这些问题的解决和现代社会的科技发展水平密切相关，是一个循序渐进的系统工程，需要对管道机器人更深入的研究和创新，其中包括对其结构、运动的控制、信息流的传递、智能化等方面的进一步的研究，根据实际的情况设计出合理的技术路线并协调好其中的技术问题。

2. 通风管道污染净化技术

1）颗粒物和积尘净化

目前，应用于空调颗粒物和积尘净化方面的最主要手段是采用过滤技术。但 HEPA 过滤器直接应用于家用空调有较高难度，一方面是高效过滤网的成本高，另一方面是高效过滤网的初阻力大，影响空调的风量，导致空调性能不能满足要求。

静电除尘器已经在空调产品中广泛应用，存在的问题是除尘率低，因为集尘板的长度、空气的流速、电极板间的距离等许多因素都会影响静电集尘的集尘率。虽然粒子被荷电，但大部分带电的粒子沉降速度慢，没有被沉降在集尘区而继续跑到空气中。

2）微生物净化

微生物无所不在，以空气为处理对象的通风空调系统如果设计、运行和管理不善，就有可能变成微生物滋生的场所，进而污染室内空气，严重影响人体健康[13]。如果空调系统长期运行，缺乏清洁消毒或是消毒不彻底，降低了空调的送风质量，病毒、细菌会在送风过程中侵入人体，引发疾病[14]。

（1）净化喷剂技术存在的问题。采用单纯的物理和化学的方法，部分方法灭杀效果明显，但在实际的操作过程中不好控制其最佳范围，会产生大量副产物，会引起管道的垢下腐蚀，对人和空调设备产生不良影响。

（2）紫外线净化技术存在的问题。中央空调系统利用紫外线消毒虽然可以起到较好的效果，但气流中或装置表面仍存在一些病原微生物如芽孢、真菌孢子等，对紫外线的抵抗力很强，不易被杀死，加之风管内照射法气流照射时间有限，不可能保证对所有微生物都有效。而且由于紫外线照射会伤害人的皮肤和眼睛，因此一定要避免紫外线照射到人体，将外泄紫外线的辐射强度和照射时间减到最小。

另外，紫外线会使人造纤维滤料（包括过滤器密封垫）迅速降解，因此受紫外线辐照的过滤器应该采用玻璃纤维介质。当紫外线灯设置密度较大时，所产生的电磁、射频等对仪器仪表的正常工作也存在不容忽视的负面影响。

3）气态污染物净化

（1）吸附技术存在的问题。单一吸附剂大多具有专一性，对某种或某类组分具有较好的吸附效果，但空调系统通风管道内气体组分复杂，所需除去的物质种类、浓度不同，就需要开发具有较大吸附范围的新型吸附剂；吸附剂吸附空气中的有机物，如不及时清理，可能会成为细菌滋生的场所，造成二次污染。

以 TiO_2 为主的催化剂和活性炭结合的复合吸附产品虽在一定程度上延长了活性炭的使用周期，但同样面临活性炭失效的问题；由于净化技术趋于与空调系统相结合，活性炭本身会增加系统的能耗；二次污染问题，静电场、光催化等技术可能会产生臭氧[15]。

（2）吸收技术存在的问题。在物理吸收中，净化喷雾易被气态污染物溶质所饱和而不能再进行吸收，且一般对于不溶于水的废气如苯，需通过化学方法予以去除；在化学吸收中，液体可以吸收更多的溶质才达到饱和。但无论是物理吸收还是化学吸收，均需保证处理产物不会对环境或人类造成二次污染。

（3）光触媒净化技术存在的问题。TiO_2 光催化反应器在净化气态污染物时需要进行强度较高的紫外线光照射，并且在纳米 TiO_2 光催化过程中，会经过很多个中间步骤并且容易生成一些毒性较强的中间产物。中央空调由于通风量较大，室内空气流速较大，纳米 TiO_2 光催化技术产生的毒性会随着循环风被带到室内，形成更大的室内空气污染，并且在使用过程中，催化剂表面易被灰尘和颗粒物覆盖，导致催化面积减小，效率降低，且光触媒表面的清洁也较为困难[16]。

3. 通风管道实际清扫时存在的问题

1）通风管道设计的问题

（1）通风管道安装不合理。现在的空调暖通系统中，存在着一些通风管道设计、安装不合理的情况，如在对大型场馆的通风管道进行清洗的时候，这些场所因为结构特点，通风管道会出现在距离地面 10 m 的高空，还有就是这些通风管道所处的吊顶结构是非承重类型的吊顶，清洗人员想要进行有效的清洗，即使技术人员可以通过起重机械达到通风管道的附近，对通风管道的封口部位进行清洗，但大多数的通风管道还处在无法清洗的状态。

（2）空调通风系统缺少检修口或者清洗口结构。现在的空调通风系统技术已经比较成熟，尤其是空调通风系统整体结构设计方面，大多数考虑到后期技术人员的清洗工作，所以在空调通风系统进行安装的时候，会在空调通风系统结构中安装上检修口结构或是清洗口结构，但早期的一些通风管道却不存在检修口结构或清洗口结构。

（3）帆布软接头。帆布软接头在空调系统中比较常见，经过多年使用后，帆布软接头处有很多灰，而且多为油泥状，使用空调清洗工具无法将其清洗干净，金属软风管接头清洗方便，而且效果好。

（4）异形风管。在施工安装阶段，图纸深化的程度不够，会出现管道碰撞，需要相互避让，有的风管会出现很多的标高变化，如果风管坡度大，清洗机器人无法爬上去，需要开很多清洗口，一小节一小节地清洗，而且效率极其低下，对风管及保温系统会造成一定的破坏。

（5）吊顶整体回风。清洗的时候会碰到吊顶空间限制的问题，回风采用吊顶整体回风，吊顶内积存大量的从安装施工到使用阶段产生的垃圾，吊顶内管线很多，空间有限，无法开展管道净化作业。

（6）采用新型风管材料。在空调清洗施工中，碰到过使用玻纤风管这种情况。玻璃纤维风管强度低，加强杆多，表面强度低，清洗机器人在管道内行进时会对管道内壁造成破坏，产生新的玻璃纤维污染。大管道内有很多横纵向的加强杆件，清洗机器人根本无法在管道内行进，也就无法清洗。除玻璃纤维风管外，酚醛风管也有类似问题。

（7）难以拆装的风口。空调系统的风口数量非常多，且风口积灰量非常大。有些是叶片可以开启（如可开启百叶风口）或可以拆除的（如大部分散流器），对风口及相连风管的清洗就很便捷。还有大量的风口是固定叶片的（如固定百叶风口），清洗风口及相连风管时只能拆除整个风口。当吊顶是便于拆卸的矿棉板吊顶还好，如果是石膏板吊顶或其他固定吊顶的话，风口的拆除和安装都将是很困难的工作，造成人力的增加、效率的降低，还可能造成风口连接不好、漏风或不得不上吊顶从而造成吊顶破坏的风险。

（8）大量的阀门、片式消声器。风管系统内有大量的各种风阀，清洗机器人在现有形式的风阀面前是无法通过的。只能在风阀的另一侧再开清扫口，严重降低了效率。如果风阀设计成能让清洗机器人通过的形式，则可以减少风管的开口，也能提高风管清洗的效率[17]。

2）空调生产厂家对管道清洗造成的问题

（1）风机盘管的风机不易拆装。对于风机盘管的清洗，一种理想的方式就是把风机盘管整个拆下来进行，这样效果最好，但实施的难度极大，不太现实。另一种方式就是把风机部分拆下来，也就是把电动机及涡轮风机拆下来进行清洗，盘管部分在安装部位进行清洗，其效果也比较理想，但这也要求电动机、风机易于拆除且有足够的拆除操作空间。目前大多数风机盘管产品的拆装都不是很便捷，不熟练的工人平均每人每天也就能拆装 2 台，而且装配的准确性还不能完全保证。

（2）新型风管材料。要考虑风管的强度，加强表面的耐磨程度，改进清洗口的形式等。对于一些由玻璃纤维材料、酚醛材料、高分子材料等制成的新型风管，一定要考虑以后的清洗问题。

（3）风阀、消声器、风口等部件的样式。各种风管部件都有可能对空调系统清洗造成很大的困难，生产单位需要根据清洗要求，制造适合的部件[18]。

4. 通风管道清洗行业存在的问题

1）人们对空调清洗的意识淡薄

这主要与我国空调行业的发展有关，国外从 20 世纪 40、50 年代开始普遍使用空调，因此对于集中空调污染对人体健康危害的认识也较早，从 70 年代末、80 年代初，就开始重视集中空调通风系统的污染问题，到 1990 年前后集中空调通风系统清洗得以普遍实施，并建立了相应的行业及国家标准，这个过程先后经历了四五十年的时间。我国 80 年代才开始普遍使用集中空调，大部分空调从未清洗过[19]。人们通常简单地认为日常对过滤器和风口的清洁就实现了对通风系统的清洗[20]，却不清楚通风管道净化的重要性。

2）空调清洗技术落后，从业人员不够专业

集中空调管道清洗在国外是一个比较成熟的市场，因此清洗技术和设备的研究和开发也相对成熟。但是，由于我国的管道情况与国外有所不同，设备本身对中国的具体情况不相符合。国外的集中空调风道是标准和规范的[21]，基本采用镀锌薄钢板，很适用于有净化要求的空调系统。而我国的集中空调风道是根据建筑面积设计安装的，各个风道不尽相同，属于非标产品。

空调清洗是一个相当专业的行业，在空调系统污染检测、清洗施工工艺流程、清洗设备的选择等环节均需要专业的技能、知识。现实状况是从业人员受教育程度不高且没有经过正规系统的培训，造成的后果往往是施工工艺不合规范，清洗不彻底，易造成二次污染，甚至对空调系统造成不可修复的损坏。

3）监督管理机制不完善

2003 年颁布的《空调通风系统清洗规范》（GB 19210—2003），2005 年颁布的《空调通风系统运行管理规范》（GB 50365—2005），2006 年颁布、2012 年修订的《公共场所集中空调通风系统卫生管理办法》《公共场所集中空调通风系统卫生规范》《公共场所集中空调通风系统卫生学评价规范》《公共场所集中空调通风系统清洗规范》，2012 年颁布的《通风空调系统清洗服务标准》构成了目前国内空调清洗规范基本体系，但是这个体系还不完善，缺乏细化后的操作依据。国家并未对集中空调通风系统的定期检测清洗做出明确的、强制性规定，也没有专业的执法队伍。

空调清洗行业作为一个新兴的行业，应加强行业协会对其的监督管理。行业协会能够协助政府制定和实施行业发展规划、产业政策、行政法规和有关法律，还可受政府委托，进行资格审查、签发证照，对行业的健康发展起到重要作用。许多国家和地区均已成立了空调清洗相关的协会，如 NADCA、JADCA、EVHA等。目前国内只有上海、重庆、成都等地成立了空调清洗行业协会，对整个空调清洗行业的发展所发挥的作用有限。

4）清洗费用高昂

集中空调通风管道的清洗是按风管展开面积来算的，国外收费折合人民币可高达单位风管展开面积数十到数百元。国内按照目前市场行情，根据清洗的彻底程度需 30～100 元/m²。根据清洗的彻底程度，如果一栋 20 多层楼的集中空调彻底清洗一次，大概需花费 20 万元。

5）通风管道设计不科学合理

中央空调系统清洗是一个系统工程，而设计是其中重要的一环。有的空调系统就是因为设计时没有考虑清洗，给清洗造成困难。例如，矩形风管长短边之比严格按《通风与空调工程施工质量验收规范》（GB 50243—2016）规定，不应大于 4:1，并保证风管高度在任何情况下，都应大于 250 mm。因为不管是使用机器人、软轴清洗设备、电（气）动刷，还是人工刷清扫，250 mm 的高度都是最低要求。当风管需要采用双弯管或上（下）绕风管时，不宜采用 90°变高，而应采用等于或小于 35°变高的双弯管或上（下）绕管。且管内壁不宜设置大于 30 mm

的内加固角钢或加固筋。因为有线遥控检测或清扫机器人只能够跨越 30 mm 高的障碍物，攀爬 35°陡坡。同时，这样设置也有利于软轴设备、电（气）动刷、手工刷清扫等，提高效率，保证被剥离的尘垢易于真空吸附。但是，大多数设计没有按照规范执行，导致风管高度过低，清洗设备无法进入风管，给清洗工作带来了极大的不便[22]。

近年来，国家加强对公众场所卫生安全的规范，各地市卫生监督局疾控中心对各酒店、医院、大型写字楼等公共场所进行监督检查，要求企业每年对楼宇空调系统定期做清洗杀菌消毒处理，对未进行清洗消毒的企业，进行相关的行政处罚，大大提高了商业楼宇的空调清洗率。至 2017 年，大型楼宇空调清洗率已达到95%以上，大部分企业已从原来的被动清洗空调转为主动清洗空调，推动了国内大空调清洗产业的发展。

大空调清洗产业发展至今，市场相对成熟，但与之对应的小空调清洗产业却在市场的起步阶段，根据相关数据统计，小空调及家用空调的清洗率不足 5%，大多数人不知道如何清洗空调，缺乏空调清洗的意识。一线城市是空调清洗行业发展的主要领地，专业清洗公司从零星几家企业到几十、上百家企业。从无监管、无组织、无标准，慢慢走向由行业协会组织引导发展，在通风管道净化行业不断向前发展的过程中，笔者认为全社会需要在以下几个方面做出努力。

（1）空调清洗必须做到科学化。空调清洗不是简单的体力活，已经涉及化学、物理、微生物等学科范畴，一切都要采取科学的方法进行科学的处理。空调清洗要求根据不同的管道结构尺寸、不同的材质、不同的积尘类型，采取不同的清洗方式，选用不同的清洗设备[23]。清洗检测过程中，对管壁积尘残余量、微生物残余量和空气中可吸入颗粒物浓度都有相关技术标准。如何高效快捷地实现清洗，既达到清洗要求，完全去除管道设施中的污染物，又能对污染物进行安全收集，有效控制环境，不造成二次污染，这些都是不能回避的问题。

（2）加强中央空调通风系统的卫生监督和管理。中央空调通风系统的定期检查和清洗，不仅可以改善室内空气质量，还可以减小管道阻力，增强换热效率，节省能耗，可谓一举两得。国家相关管理部门应该尽快出台政策，建立相应的执法队伍，在全国推行中央空调通风系统的定期检查清洗制度，对于不执行制度的业主应给予必要的处罚。另外，国家和各企业应把中央空调通风系统的检查清洗费用纳入每年的预算中，这样才能使中央空调通风系统的清洗真正得以普遍实施。

（3）健全行业制度规范并成立专门的检测机构。空调清洗有待建立健全完整的行业制度规范体系，市场按照这些规范标准来运作，这就要求政府部门和行业内部两方面共同努力。相关管理部门出台文件对行业做进一步的细致明确的规范，组建空调清洗行业职能鉴定机构，负责公司资质认证审核；尽快成立国家通风管道清洗协会，负责通风空调系统清洗的规范制定、行业认证、技术咨询等工作；编制专业标准教材，抓好从业人员培训、考试工作。有关部门加大市场监管力度，加强质量检查，打击行业不正当竞争[24]。

目前，中央空调通风系统清洗前后的监测一般由公司自己来完成，还没有专业的监测机构。所以中央空调通风系统专业监测机构的建立也是非常必要的。

（4）降低清洗成本，加强技术研发。首先，要有防患于未然的观念，把集中空调清洗工作看作一个系统工程，协调相关的空调设计单位和安装企业，便于后期清洗工作的展开[25]。在设计阶段，要预留空调清洗的洞口，风管设计要尽量标准化，便于后期清洗机器人作业。在施工阶段，杜绝偷工减料，野蛮施工。此外，高校院所要联合企业加强集中空调清洗技术及清洗设备的研发，促进高效、经济的集中空调清洗工艺的诞生。

（5）业务综合化、产业多元化。空调清洗行业要有长足稳定的发展，还应该在业务综合化和产业多元化方面下功夫。空调清洗本身就是一个涉及范围较广的行业，不仅有产品设备的制造生产，还有服务施工方面需求，两方面都有形成市场的能力。例如，国内一些企业既承接通风管道清洗工程，同时也做清洗设备的销售。还有人员培训方面，也是一个潜在的市场。未来的空调清洗行业肯定是朝着专业化、规范化的方向发展，这就要求有越来越多的经过正规培训过的、掌握专业技能的、有着从业资格的人员参与进来，这样更能有效推动空调清洗行业的发展。

人们对通风管道净化的认识在改变，政府相关部门重视程度也在改变。通风管道净化是一个巨大的产业，政府部门、行业内部企业组织、科研院所及所有关心这个行业发展的人们应共同努力，制定行业规范，完善行业体制，引导这个新兴的产业稳定长足地发展。

参 考 文 献

[1]　李先瑞. 空调风管的管理[J]. 供热制冷，2004（1）：86-96.

[2]　欧阳明华. 风管清扫机器人遥操作系统设计[D]. 长沙：湖南大学，2013.

[3]　周嘉璐，丁国清. 管道机器人远端稳压模块的设计[J]. 测控技术，2005，24（9）：69-72.

[4]　秦昌骏，李彦明，马培荪，等. 承压管道检测机器人的多级通讯系统[J]. 机械与电子，2003（4）：63-67.

[5]　张世武，吴月华，许旻，等. 管道微型机器人系统运动的力学分析和控制[J]. 中国科学技术大学学报，2001，31（1）：79-84.

[6]　吴洪冲，雷秀. 管道机器人弯管通过性的分析[J]. 机械制造与自动化，2007，36（4）：57-59.

[7]　张学文，邓宗全，贾亚洲，等. 三轴差动式管道机器人驱动单元弯管通过性研究[J]. 中国机械工程，2008，19（23）：2777-2781.

[8]　张明伟，张延恒，孙汉旭，等. 柔性蠕动管道机器人结构设计和通过性分析[J]. 机电产品开发与创新，2012，25（1）：6-8.

[9]　张海波，原魁，周庆瑞. 基于路径识别的移动机器人视觉导航[J]. 中国图象图形学报，2004，9（7）：853-857.

[10] Tan T N，Hui R Y，Yong W R，et al. Speed control of PIG using bypass flow in natural gas pipeline[C]. IEEE International Symposium on Industrial Electronics，2001.

[11] 王永雄，叶青. 管道机器人自主导航系统设计[J]. 制造业自动化，2010，32（1）：113-115.

[12] 张建伟，齐咏生，王林，等. 一种新型可变径管道机器人的结构设计与控制实现[J]. 测控技术，2014，33（10）：64-67.

[13] 黄容平，郭智成，王珂. 公共场所集中空调通风系统污染状况调查与评价[J].中国卫生监督杂志，2005，12（1）：35-36.

[14] 代慧鸣. 公共场所集中空调通风系统污染状况调查与评价[J]. 临床医学，2005，25（8）：74-75.

[15] 唐冬芬，邓高峰，王宏恩，等. 以活性炭为主的吸附类空气净化技术发展综述[J]. 洁净与空调技术，2010（3）：6-9.

[16] 张庆松，王雨群，贾祥焱，等. 中央空调通风系统空气净化装置的研究[J]. 江苏建筑，2006（6）：73-76.

[17] 杨晓辉. 浅谈集中空调风系统清洗[J]. 中外企业家，2018，594（4）：122.

[18] 王昊. 关于集中空调风系统清洗的思考[J]. 暖通空调，2013，43（11）：84-86.

[19] 贾胜辉，曹亚丽. 公共场所集中空调通风系统清洗现状分析与对策[J]. 清洗世界，2013，29（8）：1-3，22.

[20] 周巧仪，刘兵，胡联红. 浙江省公共建筑中央空调清洗情况调查分析[J]. 今日科技，2009（7）：45-47.

[21] 崔进波，高丽萍. 集中空调风道清洗现状与前景分析[J]. 清洗世界，2004，20（9）：21-25.

[22] 曹开序. 关于中央空调系统清洗与设计之我见[J]. 供热制冷，2007（9）：28-31.

[23] 叶思娟，周鹏辉，徐志华，等. 惠州市酒店集中空调不同清洗方式的效果评价[J]. 华南预防医学，2017，43（2）：102-104.

[24] 李军，吴玉庭，马重芳，等. 我国中央空调通风系统清洗行业的现状和问题[J]. 清洗世界，2005，21（7）：27-32.

[25] 张伟山. 关于集中空调风系统清洗的思考[J]. 中国科技投资，2017（1）：284.